기상 예보관이 들려주는

어린이 날씨 수업

기상 예보관이 들려주는

어린이 날씨 수업

구보 덴키 지음

박선정 옮김

북스힐

캐릭터 소개

기상 예보관·기상 캐스터·재해 방지 전문가인 날씨 박사

"재미있는 날씨에 관한 모든 것을 알고 싶어요."

미래의
기상 예보관을
꿈꾸는 친구들!

꿈냥이
따사로운 햇살이 가득한
나무 그늘 밑에서 낮잠 자는 게
가장 좋다는 고양이 친구.

코로롱
비를 뿌릴 수 있는
긴 코가 자랑인
코끼리 친구.

굴리
비가 내리고 난 뒤의
촉촉한 흙이 가장 좋다는
개구리 친구.

촬영: 하야시 데루히코

* 이 책에 등장하는 우리나라는 대한민국을 뜻합니다.

들어가는 말

안녕하세요. 저는 기상 예보관이자 기상 캐스터인 구보 덴키라고 해요.

갑작스러운 질문이지만, 여러분은 하루에 몇 번이나 하늘을 올려다보나요? 한 번? 두 번? 아니면 열 번? 혹시 하루에 한 번도 하늘을 쳐다보지 않는 친구도 있나요? 아이고, 저런. 만약 그런 친구가 있다면 지금 바로 하늘을 한번 올려다보세요. 하늘은 시간이 지날 때마다 그 모습이 변하고, 많은 것을 우리에게 알려 주지요. 그저 바라보고 있기만 해도 정말 재미있답니다. 이렇게 아름답고 재미있는 하늘이 바로 여러분 머리 위에 펼쳐져 있는데, 올려다보는 걸 잊고 지낸다는 건 너무나도 안타까운 일이에요.

저는 어렸을 때 하늘의 구름을 보면서 '저건 빵 모양', '저건 버섯 모양'이라며 먹을 것만 생각하던 아이였어요. 하지만 점점 나이가 들면서 '하늘의 색은 왜 변하는 걸까?'라거나 '비는 왜 내리는 걸까?'와 같은 궁금증이 생기기 시작했지요. 여러분도 하늘이나 구름을 쳐다보거나 비가 내리는 걸 바라보다가 '왜?'라는 궁금증이 생긴 적이 한 번쯤은 있지 않나요?

이 책은 날씨에 관한 그런 궁금증에 대한 해답을 알려 주는 책이에요. 해답을 알게 되면 여러분도 분명 하늘을 올려다보는 일이 예전보다 훨씬 즐거워질 거예요. 언제 어디서나 여러분 머리 위에 펼쳐져 있는 하늘을 올려다보는 일이 즐거워진다는 건 정말 멋진 일 아닌가요?

이 책을 통해서 '아, 그렇구나!' 하고 새롭게 알게 된 사실이 있다면 가족이나 친구들에게도 가르쳐 주세요. 그렇게 주변 사람들과 함께 하늘의 다양한 매력을 하나씩 발견해 나가길 바랍니다.

그리고 '왜?'라는 궁금증에 대한 답을 알게 되면 여러분 자신의 안전을 지키는 데에도 많은 도움이 될 거예요. 자연은 아름답지만 때로는 무섭기도 한 존재라는 사실을 이해하고, 위기 상황에서는 어떻게 대처해야 하는지 알 수 있기 때문이에요.

'왜?'라는 질문을 통해 새로운 것을 알게 되고 한 단계 더 성장할 수 있는 계기가 되기 때문에, 호기심은 매우 중요해요. 자, 그럼 지금부터 '날씨에 관한 100가지 궁금증'을 풀기 위해 미지의 세계로 탐험을 떠나 볼까요?

목차

001 하늘은 왜 파랄까?
촬영: 가와세 히로아키

001 저녁노을은 왜 붉을까?
촬영: 가와세 히로아키

001 저녁노을은 왜 붉을까?
촬영: 구보 덴키

002 무지개는 어떻게 만들어질까?
촬영: 가와세 히로아키

2장 비와 눈에 관한 궁금증

012 구름 위에 올라탈 수 있을까?
촬영: 이와야 다다유키

016 구름의 모양은 왜 여러 가지일까?
촬영: 가와세 히로아키

016 구름의 모양은 왜 여러 가지일까?
촬영: 가와세 히로아키

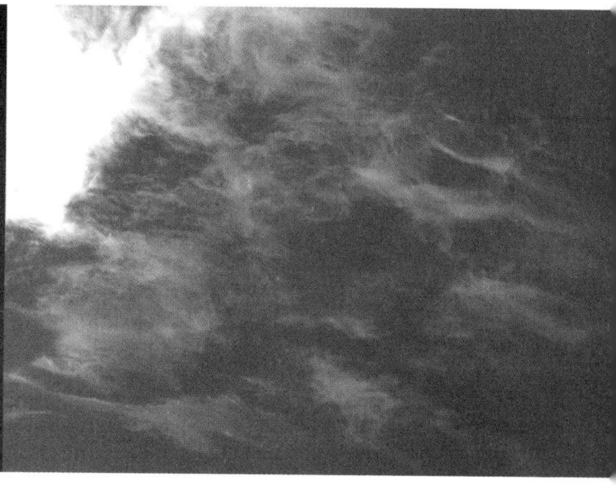

016 구름의 모양은 왜 여러 가지일까?
촬영: 가와세 히로아키

018 비행기구름은 어떻게 만들어질까?
촬영: 가와세 히로아키

020 어떤 구름이 보일 때 주의해야 할까?
촬영: 가와세 히로아키

4장 기온에 관한 궁금증

034 게릴라성 호우란 무엇일까?
촬영: 이와야 다다유키

035 눈은 왜 내리는 걸까?
촬영: 가와세 히로아키

038 눈의 결정체는 어떻게 그렇게 예쁜 모양일까?
촬영: 가와세 히로아키

038 꽃잎 모양의 서리와
바늘 모양의 가늘고 긴 서리
촬영: 가와세 히로아키

058 천둥 번개는 왜 번쩍거릴까?
촬영: 가와세 히로아키

하늘과 구름에 관한 궁금증

001

하늘은 왜 파랄까?

사실 하늘은 아무런 색도 띠지 않아요. 햇빛의 색 때문에 우리 눈에 파랗게 보일 뿐이지요.

햇빛은 여러 가지 색의 빛들이 섞여 있는데, 그중에서도 파란빛은 파장(빛이 물결처럼 출렁거리면서 앞으로 뻗어 나갈 때, 한 번 출렁거리는 길이)이 매우 짧아요. 그리고 파장이 짧은 빛은 지구를 덮고 있는 대기 중의 미세한 입자나 먼지 등에 부딪혀서 사방으로 잘 흩어지지요. 이것을 빛의 산란이라고 하는데, 산란이 잘 되는 파란빛이 사방으로 넓게 퍼지기 때문에 우리 눈에 파란색이 많이 들어오는 거예요. 낮에 하늘이 파란색으로 보이는 이유는 바로 이러한 이유 때문이랍니다.

마찬가지로 저녁 무렵의 하늘이 붉게 보이는 것도 붉은빛이 우리 눈에 많이 들어오기 때문이에요. 낮에는 태양이 지구 가까이에 있기 때문에 파장이 짧은 파란빛이 산란이 잘 되어서 하늘이 파랗게 보이지만, 해가 지기 시작하고 태양이 지구 대기층을 통과하는 거리가 점점 멀어지는 저녁에는 파란빛이 대기 중에 사라져 버려 우리 눈에 잘 보이지 않게 돼요. 하지만 파장이 긴 붉은빛은 대기 중에서 사라지지 않고 남아 있기 때문에 우리 눈까지 들어오게 되지요. 그래서 저녁 하늘이 붉게 보이는 거랍니다.

아침 해가 뜰 때와 저녁노을이 질 때의 하늘을 유심히 바라본 적이 있나요? 시간이 지남에 따라 서서히 다른 색으로 물들어가는 하늘의 모습을 보고 있으면, 자연의 아름다움에 감탄하게 되지요.

동틀 무렵 붉은빛이었던 하늘이 점점 푸르게 변해가는 모습과 푸르던 하늘이 점점 붉게 물들어가는 저녁 무렵의 하늘을 비교해 보는 것도 재미있답니다.

002 무지개는 어떻게 만들어질까?

비가 그친 뒤 맑게 갠 하늘에 떠 있는 일곱 빛깔 **무지개**. 우연히 무지개를 만나면 괜히 설레고 기분이 좋아지지 않나요?

무지개가 생기는 이유는 바로 '비'와 '햇빛', 이 두 가지 이유 때문이에요. 여러 가지 색이 섞여 있는 햇빛이 비(물방울)에 부딪히면, 이 여러 가지 색의 빛들이 서로 다른 각도로 꺾이고 흩어져서 무지개가 만들어지는 거예요.

무지개는 해가 뜬 방향과 반대쪽 하늘에서 비가 내릴 때, 이 비에 햇빛이 반사되면서 만들어져요. 그래서 비구름이 걷히고 해가 떴을 때 해를 등지고 서 있는 사람은 무지개를 볼 수 있지만, 무지개의 반대쪽에 있는 사람은 무지개를 볼 수 없지요. 무지개의 반대쪽은 비가 내리고 있거나, 곧 비가 내리기 시작할 곳이기 때문에 구름과 비밖에 보이지 않아요.

여러분도 영화관에서 영화를 본 적이 있지요? 영화관의 큰 스크린으로 영상을 볼 수 있는 건 좌석 뒤쪽에 있는 프로젝터에서 빛을 쏘아 앞쪽에 있는 스크린에 영상을 비춰주기 때문이라는 사실을 알고 있나요? 무지개가 만들어지는 것도 이와 같은 원리예요. 비가 스크린이고 뒤쪽에서 비치는 햇빛이 빗방울에 반사되어 무지개가 만들어진다고 생각하면 이해하기 쉬울 거예요.

무지개 중에는 두 개의 무지개가 이중으로 생기는 쌍무지개도 있어요. 빗방울이 굵으면 햇빛이 빗방울 속에서 두 번에 걸쳐 굴절되고 반사되는 경우가 생기는데, 이때 진하게 보이는 무지개의 바깥쪽에 색이 반대로 배열된 또 하나의 옅은 무지개가 나타나게 되지요. 쌍무지개가 뚜렷하게 잘 보이는 건 정말 흔하지 않은 일이기 때문에, 만약 쌍무지개를 보게 된다면 그날은 정말 운이 좋은 거예요.

003

무지개가 보고 싶을 때는 어떻게 해야 할까?

무지개는 계절과 관계없이 발생하지만, 가장 많이 가장 많이 볼 수 있는 시기는 여름철 오후라고 할 수 있어요.

여름철 오후에는 **소나기**가 자주 내리는데, 짧은 시간 동안 많은 양의 비가 쏴 하고 쏟아지고는 언제 그랬냐는 듯이 금방 해가 쨍쨍 내리쬐지요. 게다가 비구름은 서쪽에서 동쪽으로 이동하는 특징이 있고, 여러분도 잘 알다시피 해는 동쪽에서 떠서 저녁이 되면 서쪽으로 지고요. 즉, 소나기가 자주 내리는 여름철 오후에는 '동쪽에서는 아직 비가 내리고 있는데 서쪽에서는 햇빛이 비치기 시작하는' 무지개가 만들어지기 딱 좋은 상황이 자주 발생하게 된답니다.

여름에 소나기가 내렸다면 비가 그친 뒤에 해를 등지고 서서 동쪽 하늘을 한번 쳐다보세요. 어쩌면 무지개를 볼 수 있을지도 모르니까요.

여러분이 직접 무지개를 만들 수 있는 재미있는 방법을 알려 줄게요. 바로 해를 등지고 서서 햇빛이 비치는 곳을 향해 호스나 분무기로 물을 뿌리는 거예요. 그러면 물방울들이 스크린의 역할을 해서 무지개가 생긴답니다. 단, 해를 바라보고 서면 눈만 부실 뿐 아무것도 볼 수 없어요. 반드시 해를 등지고 서야 한다는 사실을 꼭 기억하세요.

004

무지개는 왜 일곱 빛깔일까?

무지개는 여러 가지 색이 섞여 있는 햇빛이 빗방울에 부딪혀서 굴절되고 반사되어 만들어진다고 이야기했지요? 여기서 말하는 '여러 가지 색'이란, **빨강·주황·노랑·초록·파랑·남색·보라** 이렇게 일곱 가지 색을 가리켜요. 즉, **햇빛이 일곱 가지 색으로 이루어져 있기 때문에 무지개도 일곱 빛깔인 거예요**. 평소에는 햇빛에 여러 가지 색이 섞여 있어서 보이지 않지만, 무지개가 만들어지면 각각의 색을 볼 수 있게 되는 거지요.

빛은 각각의 색마다 파장의 길이가 다른데, 그 파장의 길이에 따라 반사될 때의 각도가 달라요. 그래서 무지개는 파장이 가장 짧은

빛이 가장 안쪽에 오고, 그 위에는 파장이 두 번째로 짧은 빛, 그리고 그 위에는 파장이 세 번째로 짧은 빛, 이런 식으로 파장의 길이에 따라 순서대로 배열되어 만들어져요. 파장이라는 개념이 조금 어려울 수도 있지만, '**무지개는 바깥쪽부터 빨→주→노→초→파→남→보 순으로 배열된다.**'라는 것만 기억해 두세요. 무지개를 그릴 때 분명 도움이 많이 될 거예요.

그리고 한 가지 재미있는 사실은 한국이나 일본과 같은 동양에서는 무지개의 색을 일곱 가지라고 생각하지만, 영미권이나 유럽에서는 다르게 생각한다는 거예요. 예를 들어, 영국 사람들은 무지개의 색을 여섯 가지(빨강·주황·노랑·초록·파랑·보라)라고 생각하고, 독일 사람들은 다섯 가지(빨강·노랑·초록·파랑·보라)라고 생각한대요. 그렇게 생각하는 것도 어느 정도는 이해가 돼요. 색들이 서로 섞여 있어서 어떤 색이라고 정확히 구분하기 힘들다 보니, 실제로 무지개를 일곱 가지 색으로 정확히 나누는 건 정말 어려운 일이지요. 여러분은 무지개가 몇 가지 색이라고 생각하나요?

005

달은 무슨 색일까?

달은 노란색이나 붉은색으로 보일 때도 있고, 하얀색이나 푸르스름한 색으로 보일 때도 있어요. 그렇다면 실제로 달은 무슨 색일까요? 여러분도 궁금하지 않나요?

달은 빛나는 것처럼 보이지만, 사실 스스로 빛을 내는 게 아니에요. 태양 빛이 반사되어 빛나는 것처럼 보일 뿐이지요. 그래서 태양이나 하늘의 색이 시간에 따라 다르게 보이는 것처럼 달도 보는 시간에 따라 다른 색으로 보이는 거랍니다.

달이 뜨기 시작해서 낮은 위치에 있을 때는 태양의 빛이 지구의 대기를 통과하기 때문에 저녁노을과 마찬가지로 붉게 보여요. 하지만 달의 위치가 점점 높아지면서 지구의 대기층을 통과하지 않게 되면 달의 색이 노란색에서 점차 하얀색으로 보이게 되는 거지요.

그리고 태양이나 달이 흰색으로 보이거나 내리쬐는 햇살이 흰색으로 보이는 것은 햇빛에 '빛의 삼원색'이 포함되어 있기 때문이에요. 빨강·파랑·초록을 '빛의 삼원색'이라고 하는데, 이 세 가지 색의 빛이 섞이면 신기하게도 흰색으로 변한답니다.

이러한 현상을 간단한 실험을 통해 직접 확인해 볼 수도 있어요. 먼저 손전등을 3개 준비한 뒤, 각각의 손전등에 빨강·파랑·초록 셀로판지를 붙여 보세요. 그런 다음 모든 손전등의 불을 켜서 빛을 한 곳으로 모아보는 거예요. 세 가지 색의 빛이 합쳐지는 순간, 흰색 빛으로 변하는 것을 보면 정말 신기하고 재미있답니다.

006 하늘이 가장 아름다운 시간은 언제일까?

해가 지기 전후와 해가 뜨기 전후의 몇십 분 동안을 '매직 아워'라고 하는데, 바로 이 시간이 하루 중 가장 아름다운 하늘을 볼 수 있는 시간대라고 해요. 이때에는 하늘이 온통 붉은색이나 주황빛으로 물들기도 하고, 온 세상이 황금빛으로 빛나는 것처럼 보이기도 하지요. 그래서 이 매직 아워에 사진을 찍으면 정말 아름다운 하늘의 모습을 사진에 담을 수 있답니다.

다만 매직 아워에 아름다운 하늘을 보기 위해서는 몇 가지 조건이 필요해요. 첫 번째로는 전망이 좋은 장소에 있어야 하고, 두 번째로는 하늘에 햇빛을 가릴 만한 구름이 없어야 한다는 거예요. 이 두

가지 조건이 맞으면 언제든 아름다운 하늘을 볼 수 있어요.

도쿄가 속한 간토 지방의 동쪽인 태평양 연안은 겨울철에도 구름 한 점 없는 맑은 날이 계속될 때가 많아요. 따라서 매직 아워의 아름다운 하늘을 자주 볼 수 있지요. 반면, 일본 열도의 서쪽인 동해 연안의 지역에서는 겨울철에 눈이 많이 내려 좀처럼 볼 기회가 많지는 않지만, 앞에서 설명한 조건만 충족된다면 멋진 하늘을 볼 수 있답니다. 그러니 포기하지 말고 날씨가 맑은 날에는 하늘을 한번 올려다보세요.

매직 아워는 30~40분 정도 계속되지만, 하늘의 색이 점점 멋지게 물들어가는 그러데이션을 볼 수 있는 시간은 겨우 10분 정도밖에 되지 않아요. 이 짧은 기회를 놓치지 말고, 황홀한 자연의 아름다운 풍경을 마음껏 즐겨 보세요.

007 저녁에 그림자가 길어지는 이유는 무엇일까?

아침에 동쪽에서 뜬 해는 남쪽 하늘을 지나 저녁이 되면 서쪽으로 지지요. 각각의 시각에 따른 태양의 위치를 비교해 보면 알겠지만, 아침에 막 떠오르는 태양과 저녁에 점점 저물어가는 태양은 한낮의 태양보다 낮게 떠 있어요. 따라서 햇빛 역시 낮은 위치에서 비스듬하게 사물을 비추게 되기 때문에 그림자가 길어지는 거예요.

만약 설명만으로 이해가 잘 되지 않는다면 조명이나 손전등을 이용해서 어떤 물체를 비춰 보세요. 비스듬하게 빛을 비추면 그림자가 길어지고, 바로 위에서 빛을 비추면 그림자가 짧아지는 모습을 눈으로 직접 확인할 수 있을 거예요. 하루 동안 여러분의 그림자가 길어졌다가 짧아졌다가 하는 것도 바로 태양의 위치 때문이랍니다.

또한, 그림자를 보고 방향을 알 수도 있어요. **해가 동쪽 하늘에 떠 있는 오전 중에는 동쪽에서 햇빛이 비치기 때문에 그림자가 생기는 방향은 서쪽**이 되지요. 반대로, **저녁이 되면 해가 서쪽으로 지기 때문에 서쪽에서 햇빛이 비치게 되고, 그림자가 생기는 방향은 동쪽**이 되는 거고요. 해가 남쪽 하늘에 떠 있는 한낮에는 그림자가 북쪽을 향해 생긴답니다.

어쩌면 나중에 여러분이 커서 미지의 세계로 모험을 떠났는데, 도중에 그만 나침반을 잃어버리는 상황이 생길지도 몰라요. 그때를 대비해서 그림자로 방향 찾는 법을 꼭 기억해 두세요.

008

겨울에 밤(어두운 시간)이 길어지는 이유는 무엇일까?

겨울에는 여름에 비해 해가 빨리 지고 늦게 뜨지요. 그만큼 겨울과 여름은 햇빛이 비치는 시간에 많은 차이가 있어요.

우리가 사는 지구의 정중앙에는 막대사탕의 막대처럼 생긴 **자전축**이라는 보이지 않는 축이 있다는 사실을 알고 있나요? 지구는 이 자전축이 기울어진 상태로 태양 주위를 1년에 한 바퀴씩 도는 회전운동(공전)을 하고 있어요. '지구 자전축의 기울기'와 '태양 주위를 돌 때의 위치' 때문에 겨울에는 햇빛이 비치는 시간이 짧아지는 거예요.

어느 정도 짧아지는지 한번 알아볼까요? 도쿄의 경우, 1년 중

낮의 길이가 가장 짧은 동지에는 해가 비치는 시간이 겨우 9시간 45분 정도밖에 되지 않아요. 반대로 1년 중 낮의 길이가 가장 긴 하지에는 해가 비치는 시간이 14시간 34분이나 되지요. 계산해 보면 동지와 하지의 낮 길이는 5시간 넘게 차이가 나는 셈이에요.

지구의 자전축이나 공전이라는 단어가 조금 어렵지요? 이해가 잘 되지 않는다면, 여름과 겨울의 태양의 위치를 한번 비교해 보세요. 여름에는 태양이 여러분의 머리 위에 높이 떠 있고, 겨울에는 여름보다 훨씬 낮은 위치에 떠 있는 모습을 확인할 수 있을 거예요. 여름에는 태양이 높이 떠 있는 만큼 긴 시간 동안 해가 비추지만, 겨울에는 태양이 낮게 떠 있기 때문에 그만큼 해가 비치는 시간이 짧아진답니다. 계절에 따라 낮과 밤의 길이가 달라지는 것은 태양의 높이(고도)가 달라지기 때문이라고 기억해 두면 좀 더 쉽게 이해할 수 있을 거예요.

지구가 태양 주위를 돌기 때문에 여름과 겨울의 낮의 길이가 달라진다고?

꿈냥이

지구의 '자전축'과 '공전'이 뭔지 아직 잘 모르겠어요.

날씨 박사

우리 친구들에게는 조금 어렵게 느껴질 수 있어요. 그러나 아래 그림을 보면 조금 더 쉽게 이해할 수 있을 거예요. 우리나라는 북반구(지구를 둘로 나누었을 때 북쪽 부분)라고 하는 지구의 위쪽 부분에 있는데, 북반구는 여름에는 태양 쪽으로 기울어져 있고 겨울에는 태양과 반대쪽으로 기울어져 있어요.

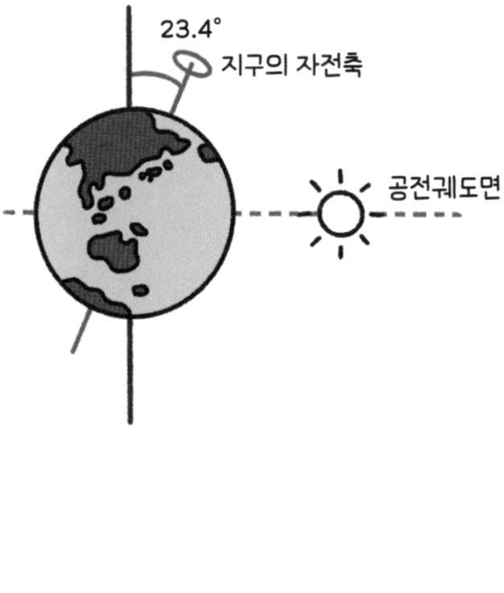

꿈냥이

지구가 기울어진 채로 태양 주위를 돌기 때문에 계절에 따라 태양 빛을 받는 위치가 바뀐다는 건가요?

날씨 박사

바로 그거예요! 그래서 여름에는 우리나라가 있는 북반구에 햇빛이 비치는 시간이 길어지고, 겨울에는 햇빛이 비치는 시간이 짧아지지요.

꿈냥이

그러면 지구의 남쪽에 있는 나라들은 우리나라와 다르겠네요?

날씨 박사

그렇지요. 지구의 남쪽을 남반구라고 하는데, 햇빛이 비치는 시기가 북반구와는 정반대예요. 그래서 우리나라가 여름일 때 남반구에 속한 나라들은 겨울이 되고, 우리나라가 겨울일 때 그쪽 나라들은 여름이 되는 거지요.

꿈냥이

그러면 8월에는 춥고 12월에는 덥다는 건가요? 그렇게 생각하니 왠지 이상하네요!

009

하늘의 끝은 어디일까?

화창하고 맑은 날의 하늘을 보면 하늘이 끝도 없이 계속 이어지는 것처럼 보이지 않나요?

낮에 보이는 파란 하늘은 대략 지표면에서부터 100km 정도까지라고 할 수 있어요. 하지만 약 100km 상공까지 올라가면 공기가 거의 없기 때문에 대기 중의 미세한 입자나 먼지도 존재하지 않아요. 따라서 빛의 산란도 일어나지 않으니 깜깜해지지요.

따라서 파란 하늘이 약 100km 정도까지 이어진다고 하더라도, 100km에 가까워지면 이미 상당히 어둡고 깜깜한 상태일 거예요. **일반적으로 지표면에서부터 약 100km를 넘어가면 우주라고 하는**

데, 여러분도 우주의 사진이나 영상을 본 적이 있을 거예요. 사진에서 보았듯이 우주는 아주 깜깜하답니다. 만약 **구름이 떠 있고 비나 눈과 같은 다양한 기상 현상이 일어나는 곳을 하늘이라고 말한다면, 그때는 보통 지표면에서 약 10~15km까지의 하늘**을 의미하는 거예요. 대기권 전체를 가리킬 때보다 높이가 아주 낮아지지요.

참고로 100km는 일본 도쿄에서 후지산까지의 거리 정도예요. 날씨가 좋은 날에는 도쿄 도심에서도 후지산이 보인다고 하니, 100km가 그리 먼 거리는 아니라는 느낌이 들지 않나요?

지구의 지름이 약 1만 2,000km 정도이니 우주에서 내려다보면 공기가 존재하는 상공 100km 정도는 얇은 사과 껍질 정도에 지나지 않겠지요. 사과 껍질 정도의 두께만 통과하면 바로 우주라니! 갑자기 우주가 생각보다 가깝게 느껴지지 않나요? 어쩌면 여러분이 어른이 될 때쯤에는 누구나 쉽게 우주여행을 갈 수 있는 시대가 올지도 몰라요.

010 구름은 어떻게 만들어질까?

하늘에 뭉게뭉게 떠 있는 구름을 바라보며 '구름은 대체 어떻게 만들어지는 걸까?'라는 궁금증이 생겼던 적이 다들 한 번쯤은 있을 거예요. 한마디로 설명하자면, **구름은 '물방울과 얼음 알갱이의 집합체**'라고 할 수 있어요.

우리 주변에 있는 공기 중에는 바닷물이나 강물이 증발해서 만들어진 **수증기**가 섞여 있어요. 그리고 수증기를 포함한 공기가 하늘 높이 올라가면 낮은 주변 온도로 인해 차가워지면서 수증기가 작은 물방울로 변하지요. 이렇게 생긴 물방울이나 온도가 더 낮아졌을 때 생긴 얼음 알갱이들이 모여서 만들어지는 게 바로 구름이에요. 물방울이나 얼음 알갱이 하나하나는 너무 작아서 우리 눈에 보이지 않지만, 많이 모여 있으면 우리가 자주 볼 수 있는 구름 형태가 되는 거지요.

또한, 상승기류에 의해 공기가 상공으로 이동할 때도 구름이 만들어져요. 상승기류란, 쉽게 말해서 '위쪽으로 향하는 공기의 흐름'이라고 할 수 있어요. 예를 들어, 따뜻한 공기와 차가운 공기가 만났을 때, 또는 산을 향해 바람이 불면서 공기가 높은 산을 따라 올라갈 때 상승기류가 만들어지지요.

상승기류는 비나 태풍 등과도 깊은 관련이 있어요. 날씨에 관한 설명에서 자주 등장하는 단어이니 꼭 기억해 두세요.

상승기류는 왜 생기는 걸까?

코로롱

구름을 만드는 상승기류는 어떨 때 생기나요?

날씨 박사

상승기류가 생기는 원인에는 몇 가지 경우가 있는데, 그중 하나는 따뜻한 공기와 차가운 공기가 만났을 때예요. 따뜻한 공기는 차가운 공기보다 가볍기 때문에 가볍고 따뜻한 공기가 위쪽으로 올라가거든요. 이와 마찬가지로 물도 따뜻한 물은 가볍고 차가운 물은 무겁답니다.

코로롱

아, 그렇군요! 따뜻한 건 가볍고, 차가운 건 무겁다고 기억해 두면 되겠네요.

고기압
주위보다 상대적으로 기압이 높은 곳

저기압
주위보다 상대적으로 기압이 낮은 곳

날씨 박사

그리고 상승기류는 바람이 산에 부딪힐 때도 생겨요. 바람이 산에 부딪히면 그 바람이 산비탈을 따라 위쪽으로 이동하는 상승기류가 발생하지요. 이외에도 지상의 일부분이 따뜻해져서 주위 공기보다 가벼워졌을 때에도 상승기류가 발생해요. 그리고 어딘가에서 하강기류가 만들어졌을 때도 다른 곳에서는 상승기류가 발생한답니다.

코로롱

하강기류는 뭐예요?

날씨 박사

상승기류와는 반대로 아래쪽으로 향하는 공기의 흐름을 말하는 거예요. 하강기류가 있는 곳은 일반적으로 날씨가 좋은 경우가 많지요.

코로롱

하강기류가 있는 곳은 날씨가 좋고, 상승기류가 있는 곳은 구름이 발생하기 때문에 날씨가 흐린 거군요.

날씨 박사

반드시 그렇다고 말할 수는 없지만, 일반적으로는 그렇다고 생각해도 된답니다!

011

구름은 어떻게 하늘에 떠 있는 걸까?

모든 물체는 위에서 아래로 떨어지는 법인데, 구름은 어떻게 떨어지지 않고 하늘에 떠 있는 걸까요? 정말 이상하지 않나요?

자신의 힘으로 공중에 뜰 수 있는 물체는 없지만, 헤어드라이어 위에 탁구공을 올려놓고 바람을 위로 향하게 하면 바람의 힘 때문에 탁구공이 떨어지지 않고 공중에 떠 있을 수 있어요. 이와 마찬가지로, **구름도 상승기류의 힘으로 떨어지지 않고 하늘에 떠 있을 수 있는 거예요**.

하지만 상승기류의 힘보다 물방울이나 얼음 알갱이의 무게가 더 커지면 더는 하늘에 떠 있지 못하고 떨어지게 돼요. '에이, 구름이 어떻게 떨어져요?'라고 생각하나요? 맞아요. 구름은 그 모습 그대로 떨어지지 않아요. 뒤에서 조금 더 자세하게 설명하겠지만, 구름은 비나 눈으로 변해 떨어지지요.

구름은 하늘에 떠서 가만히 멈춰 있지 않고 계속해서 어디론가 흘러가고 움직여요. 구름이 떠 있는 상공에서는 건물 등의 장애물이 없는 만큼 땅 위에서보다 바람이 강하기 때문에 구름이 바람에 흘러가는 거지요.

구름이 이동하는 속도는 그날그날의 상황에 따라 매우 달라요. 시시때때로 변하는 구름의 모습을 바라보는 것도 재미있답니다.

012 구름 위에 올라탈 수 있을까?

동글동글하고 폭신폭신한 솜뭉치 같은 구름. 그런 구름 위에 한번 올라가 보고 싶지 않나요? 폭신한 구름에 올라타면 기분이 정말 좋을 것 같아요. 하지만 아쉽게도 구름 위에 올라탈 수는 없답니다. 왜냐하면 **구름은 작은 물방울이나 얼음 알갱이가 모여 만들어진 것이기 때문이에요**. 다이어트를 해서 몸무게가 가벼워지면 올라탈 수 있지 않겠냐고요? 아니요. 아무리 다이어트를 해도 올라타는 건 불가능해요.

이 작은 물방울이나 얼음 알갱이의 집합체는 높은 하늘에 떠 있을 때는 '구름'이라고 부르지만, 지표면 근처에 있을 때는 '안개'라고 불러요. 안개를 본 적이 있다면 알겠지만, 안개 속에 있으면 주변이 온통 희뿌옇게 보이지요. 예를 들어, 높은 산을 오르다 보면 산 중턱에 걸려 있는 구름 속으로 들어갈 때가 있는데, 막상 그 안으로 들어가 보면 안개 속에 있을 때와 같아요. 그저 뿌옇기만 할 뿐, 몽실몽실하고 폭신한 느낌은 받을 수 없어요.

구름이 낮게 떠 있는 날에는 높은 전망대에서도 마치 구름 속에 있는 듯한 느낌을 받을 수 있어요. 만약 높은 전망대가 보이는 곳에 살고 있다면 전망대가 구름에 가려진 날에 한번 올라가 보세요. 평소처럼 멀리까지 내려다볼 수는 없지만, 눈앞에 온통 희뿌연 구름이 펼쳐져 있는 멋진 광경을 볼 수 있답니다.

013 구름을 만들 수 있을까?

만들 수 있어요! **구름은 작은 물방울과 얼음 알갱이들이 많이 모여 이루어진 것이기 때문에, 그걸 재현해 낸다면 구름을 만들 수 있답니다**.

필요한 준비물은 투명한 페트병과 물, 그리고 연기가 나게 만드는 향이에요. 그리고 탄산 키퍼(탄산이 빠져나가지 않게 해 주는 뚜껑)가 집에 있다면 구름을 만드는 데 도움이 되니 그것도 준비해 주세요.

공기에는 **기압**이라고 하는 '지표면을 누르는 공기의 힘'이 있는데, 기압이 낮아질수록 공기는 팽창하고 온도는 낮아져요. 그리고 하늘 높이 올라갈수록 기압이 낮아지지요. 따라서 공기가 하늘 높이 올라갈수록 온도가 낮아져서 공기 중에 있는 수증기가 물방울이나 얼음 알갱이로 변하게 되는 거예요.

따라서 구름을 만들기 위해서는 공기를 차갑게 만들어야 하는데, 이때 필요한 게 바로 투명 페트병이에요. 수증기를 넣은 페트병을 꾹 눌러서 '압력'을 가했다가 힘을 풀어 다시 원상태로 되돌리면 페트병 내부의 공기가 갑자기 팽창하면서 온도가 낮아지기 때문이에요.

향을 피워서 만들어낸 연기는 대기 중에 있는 작은 입자나 먼지의 역할을 대신하는 거예요. 차가워진 수증기는 공기 중에서 작은 입자나 먼지에 달라붙어 물방울이나 얼음 알갱이가 되거든요.

구름이 만들어지는 원리를 이해했다면 이제 실험을 해 볼까요?

실험

구름을 만들어 보자

준비물

- 물
- 향
- 투명한 페트병
- 라이터 또는 성냥
- 탄산 키퍼(없어도 무방)

1 투명한 페트병에 물을 넣고 잘 흔들어 준 다음 물을 버리세요. 이렇게 하면 병 속에 수증기가 남아 있게 됩니다.

2 향에 불을 붙여 연기가 페트병 안으로 충분히 들어가게 한 다음, 뚜껑을 꼭 잠가 줍니다.

3 페트병을 양손으로 잡고 꾹 눌러 주세요.

4 손에 힘을 빼고 페트병을 원상태로 되돌리면 페트병 속에 뿌옇게 하얀 구름이 만들어져요!

* 탄산 키퍼를 사용할 때는 순서 3에서 페트병을 누르는 대신 탄산 키퍼 뚜껑을 여러 번 눌러 압력을 가해 줍니다. 이때 가해진 압력 때문에 병 속의 온도가 올라가지요. 그리고 뚜껑을 열면 페트병 안의 온도가 갑자기 내려가기 때문에, 뚜껑을 여는 순간 수증기가 물방울로 변해 구름이 생기게 된답니다.

라이터나 성냥을 사용할 때는
꼭 부모님과 함께하세요!

014

구름 위의 날씨는 맑을까, 아니면 비가 내릴까?

정답은 바로, 맑음! 우리 눈에 보이는 구름 위에 또 구름이 있을 때도 있지만, **하늘 가장 위쪽에 있는 구름 위에는 태양밖에 없기 때문에 날씨가 항상 맑답니다**. 만약 여러분 중에 맑은 날씨를 너무 좋아해서 항상 맑은 날만 계속되었으면 좋겠다고 생각하는 사람이 있다면 구름 위에 집을 지으면 돼요. 일기예보도 항상 정확하게 들어맞을 거예요.

구름이 뜨거나 비나 눈이 오는 현상을 통틀어서 '**대기 현상**(또는 **기상**)'이라고 하는데, 이러한 대기 현상은 **대류권**(지표면에서부터 높이 약 15km까지의 대기층)에서만 일어나요. 그중에서도 구름은 지표면에서부터 10km 이내에서 만들어지기 때문에 비행기는 구름을 피해서 가능한 약 10km 이상의 높이를 유지하며 비행하려고 하지요.

그런데 구름이 평소보다 높게 형성되는 날도 있어요. 그런 날에는 비행기가 구름을 피해서 비행하려고 해도 어쩔 수 없이 구름 속을 뚫고 지나가야 하는 경우가 생기지요. 이런 경우에는 비행기가 아주 심하게 흔들려요. 왜냐하면 10km 이상의 높이까지 구름이 높게 형성되어 있으면 상승기류가 매우 강하기 때문이에요. 구름 속이나 구름 주위의 공기가 불안정해서 어쩔 수 없이 비행기가 흔들리게 되는 거예요.

그러니 만약 여러분이 탄 비행기가 심하게 흔들린다면 무서워하지 말고 '오늘은 키가 큰 구름이 있나 보네.'라고 생각해 보세요. 비행기 조종사의 조종 실력이 부족해서가 아니니 조종사 탓은 하지 말도록 해요.

015 구름의 색은 왜 다를까?

구름은 햇빛이 비쳐 보일 만큼 얇을 때는 흰색으로 보이고, 반대로 햇빛이 통과하지 못할 정도로 두꺼우면 회색으로(어둡게) 보여요. 회색 구름은 구름이 더러워진 게 아니에요. 수분을 많이 포함하고 있기 때문에 그렇게 보일 뿐이지요.

수분을 많이 포함하고 있는 회색 구름을 '비구름'이라고도 불러요. 언제든 비를 내리게 할 수 있는 구름이지요. 그리고 구름의 크기가 점점 커지고 색이 더 검게 변할수록 강한 비를 뿌려요. 그러니 만약 밖에서 놀고 있다가 시커먼 비구름이 몰려오는 것을 보게 된다면 얼른 집으로 돌아가서 "곧 비가 내릴 거예요!"라고 가족들에게 알려 주세요.

그런데 비구름이라고 해서 어느 쪽에서나 모두 회색으로 보이는 건 아니에요. 보는 사람이 구름을 사이에 두고 태양과 반대쪽에 있을 때는 비구름이 회색으로 보이지만, 태양과 같은 쪽에 있으면 같은 비구름이라도 흰색으로 보인답니다. 보는 사람의 눈에 보이는 쪽이 햇빛을 받는 쪽이기 때문이에요.

즉, 지금이라도 당장 비를 뿌릴 것처럼 크고 두꺼운 구름이라도 태양과 같은 쪽에서 본다면 색만 봐서는 비구름이라고 판단하기 어려워요. 비구름 바로 아래에 있는 사람에게는 시꺼멓게 보이는 구름이라도 멀리 있는 사람에게는 희고 예쁜 뭉게구름으로 보일 수 있기 때문이지요. 같은 구름일지라도 보는 방향이나 장소에 따라서 이렇게 다르게 보일 수 있다는 것이 정말 신기하지 않나요?

016 구름의 모양은 왜 여러 가지일까?

구름의 모양이나 크기는 바람과 바람이 부딪히는 상황, 수증기의 양, 온도의 차이 등에 따라 달라져요.

구름은 만들어지는 장소의 높이와 모양에 따라 크게 열 가지로 분류할 수 있는데, 이러한 열 가지 기본적인 구름의 형태를 **10종 운형**이라고 해요.

【10종 운형】

권운, 권적운, 권층운, 고적운, 고층운, 층적운, 층운, 난층운, 적운(뭉게구름), 적란운

이렇게 구름의 이름들을 나열해 놓았지만, 이름만 봐서는 어떤 구름인지 잘 모르겠지요? 하지만 구름에는 각각 별명이 있어서, 그 별명을 들으면 각 구름의 모양을 더 쉽게 떠올릴 수 있을 거예요. 예를 들어, **고적운**은 작은 구름 조각들이 둥둥 떠 있는 모습이 마치 양떼처럼 보인다고 해서 '**양떼구름**'이라고 불려요. 여러분도 몽글몽글 귀여운 양떼구름을 본 적이 있지요? 그리고 **권적운**은 물고기의 비늘처럼 보이기도 하고 고등어 몸통을 닮았다고 해서 '**비늘구름**' 또는 '**고등어구름**'이라고도 불리지요.

여러분이 가장 많이 본 구름은 아마도 **적란운**일 거예요. 여름에 자주 볼 수 있는 적란운은 세로로 높게 발달한 구름으로, '**소나기구름**'이라는 별명을 가지고 있지요. 소나기를 내리는 구름이 바로 이 적란운이랍니다. 맛있는 소프트아이스크림처럼 생겼지만, 적란운이 보이면 소나기를 조심해야 해요.

017 윗부분이 평평한 구름은 어떻게 만들어질까?

구름의 모양은 아주 다양한데, 그중에는 윗부분이 넓고 평평한 구름도 있어요. 여러분도 그런 구름을 보면 '와, 신기하게 생긴 구름이네!'라는 생각이 들 거예요.

윗부분이 넓고 평평한 이런 구름을 모루구름이라고 하는데, 원래는 적란운에 속하는 구름이에요. 적란운이 위쪽으로 점점 발달하다가 운정(구름의 맨 윗부분)이 더는 위쪽으로 올라가지 못하고 옆으로 넓게 퍼지면서 마치 대장간에서 달군 쇠를 올려놓고 두드릴 때 받침으로 쓰던 모루와 같이 넓고 평평한 구름이 되는 거예요.

적란운이 위쪽으로 더 발달하지 못하는 이유는 구름이 대류권에서만 만들어지기 때문이에요. 지구를 덮고 있는 대기는 지표면에서부터 4개의 층으로 나누어지는데, 대류권은 그중에서 지표면과 가장 가까운 층이에요. 대류권에서는 위쪽으로 갈수록 기온이 점점 낮아지고, 대류권 위에 있는 층인 **성층권**에서는 위쪽으로 갈수록 기온이 점점 높아져요. 이렇게 대기층에 따라 환경이 크게 달라지기 때문에, 구름은 대류권보다 더 높이 올라갈 수 없어요. 그래서 마치 천정에 부딪힌 것처럼 편평해지는 거랍니다.

모루구름은 구름이 만들어질 수 있는 높이의 한계선까지 크게 발달한 구름이므로 그만큼 에너지가 강하고 많은 양의 비를 내릴 때가 많아요. 멀리서 바라보면 신기하고 아름답지만, 가까이에 이러한 구름이 있다면 하늘이 점점 어두워지는 것을 느낄 수 있을 거예요. 모루구름이 보이면 강한 비가 내릴지도 모르니 미리 대비해 두세요.

018 비행기구름은 어떻게 만들어질까?

파란 하늘 위에 선명한 하얀 선을 그리며 비행기가 지나간 자리에 남은 가늘고 긴 구름의 **비행기구름**을 보면 마치 깜짝 선물을 받은 것처럼 기분이 좋아지지 않나요? **비행기구름의 정체는 바로 비행기 엔진에서 배출된 배기가스가 냉각되어 생긴 거예요**. 비행기가 하늘을 날 때는 약 10km 높이에서 비행한다고 이야기했지요? 그런데 10km 상공의 기온은 매우 낮아서 비행기에서 배출된 배기가스 속에 포함된 수증기는 곧바로 물방울이나 얼음 알갱이로 변해요. 그래서 가늘고 긴 모양의 구름이 만들어지는 거랍니다.

그런데 상공의 공기가 건조할 때는 비행기구름이 만들어지자마

자 증발해서 사라져 버려요. 상공의 공기가 습할 때만 비행기구름이 하늘에 남아 있는 거지요.

즉, **비행기구름이 사라지지 않고 오래 남아 있을수록 상공의 습도가 높다는 뜻이에요**. '습도'는 '공기 중에 있는 수분의 양'을 말해요. 비가 내리기 전에는 공기 중의 습도가 점점 높아지지요. 그래서 **하늘에 비행기구름이 오래도록 남아 있다는 것은 날씨가 점점 흐려진다는 신호라고도 볼 수 있어요**.

비행기구름은 계절과 상관없이 만들어지긴 하지만, 구름이 많은 날에는 잘 보이지 않아요. 구름 한 점 없이 맑은 날, 비행기가 하늘 높이 날아간다면 그때가 바로 비행기구름을 볼 수 있는 절호의 기회랍니다.

019 '지진구름'은 정말 존재할까?

큰 지진이 일어나면, 지진이 일어나기 전날 이상한 모양의 구름을 봤다는 사람들이 있어요. 하지만 실제로 '지진구름'이라는 것은 존재하지 않아요.

지진이 일어나지 않더라도 특이한 모양의 구름은 생길 수 있고, 구름 한 점 없는 날에도 지진이 일어나기도 하니까요. 만약 지진이 일어나기 전에 하늘에서 이상한 모양의 구름을 보았다 해도 그건 그저 우연일 뿐, 구름으로 지진을 예측할 수는 없어요.

지진구름이 지진의 전조 현상이라는 말이 왜 생겨났는지는 잘 모르겠지만, 아마도 사람들의 심리와 많은 연관이 있을 거라고 해요.

큰 지진이 발생하면 사람들은 심리적인 충격을 받게 돼요. 그런데 그 충격 때문에 '그러고 보니 어제 구름 모양이 좀 이상했어.'라든가 '저녁노을의 색이 평소와는 달랐어.'와 같이 머릿속에 남아 있던 순간적인 기억을 급하게 지진과 연관시키려는 심리가 작용한다는 거예요.

지진이 일어날 때 지표면에서 발생하는 전자파에 의해 지진구름이 만들어진다는 주장도 있지만, 현재까지 과학적으로 증명된 것은 없어요. 그러니 특이한 모양의 구름을 보았다고 해서 지진이 일어나지는 않을까 불안해할 필요는 없답니다.

020

어떤 구름이 보일 때 주의해야 할까?

만약 강에서 물놀이를 하고 있는데, 강의 상류 쪽 하늘에 뭉게뭉게 피어오른 적란운이 보인다면 조심해야 해요! 내가 있는 곳에는 아직 비가 내리지 않거나 빗방울이 한두 방울씩 떨어지기 시작한 정도라 해도 상류 쪽에서는 이미 적란운이 많은 양의 비를 퍼붓고 있을지도 모르니까요. 그러면 갑자기 내린 비가 강의 상류에서 하류 쪽으로 흘러와서 강물의 수위가 급격하게 높아질 위험이 있어요.

그리고 산속에 있는 야영장이나 도시 내에 흐르는 작은 강에서도 주의할 필요가 있어요. 평상시에는 물이 졸졸 흐르는 정도의 얕은 강이라도, 물이 불어나면 순식간에 수위가 높아져 버리거든요.

특히, 도시에 흐르는 작은 강(도시하천)은 빗물을 바다로 흘려보내기 위해 직선 형태로 만들어져 있기 때문에 상류 쪽의 물이 한꺼번에 유입되기 쉬워요. 실제로 2008년에 일본의 효고현 고베시에서는 도가 강의 수위가 눈 깜짝할 사이에 1m 이상 높아지는 바람에 강과 강가에서 놀던 많은 사람이 물에 빠져 휩쓸려 갔고, 결국 목숨까지 잃게 된 안타까운 사고가 있었어요.

도시하천에서는 비가 내리면 물에서 나와 안전한 곳으로 대피하라는 경보가 울리는데, 이런 경우에는 되도록 빨리 대피하는 것이 좋아요. **산에서든 도시에서든 강 주변에 있을 때는 물이 흘러오는 방향 쪽의 하늘을 잘 살펴보고, 만약 적란운이 보인다면 빨리 그곳에서 벗어나도록 해요!**

별이 아름답게 반짝이면 다음 날 날씨를 조심해야 한다!?

굴리

박사님, 저는 하늘과 별을 보는 것이 정말 좋아요.

별을 보고 다음 날 날씨를 예측할 수도 있답니다.

날씨 박사

굴리

정말요?

별이 반짝반짝 깜빡거리는 것처럼 보일 때가 있지요? 그건 하늘 위에 강한 바람이 불고 있다는 뜻이에요. 그러면 그다음 날 지상에서도 강한 바람이 불 가능성이 있답니다.

날씨 박사

굴리

바람이 점점 아래로 내려온다는 뜻인가요?

날씨 박사

맞아요. 이런 현상은 주로 겨울에 일어나는데, 밤중에는 지상에 차가운 공기가 쌓여 있어서 바람이 아래쪽으로 내려오지 않아요. 그렇지만 다음 날 해가 뜨고 차가운 공기가 따뜻해지면 바람이 아래쪽으로 내려오게 되는 거지요.

굴리

별이 빛나는 모습은 너무나 평화롭고 아름다운데, 실제로는 그 주변에서 거친 바람이 불고 있는 거라니….

날씨 박사

바람이 강하게 불기 때문에 별빛이 흔들리는 것처럼 보이는 거예요. 만약 지상에서 바람이 불지 않았다면, 별이 반짝거리는 것이 바람 때문이라는 생각조차 못 했을 거예요.

굴리

바람 한 점 없는 고요한 밤, '오늘따라 별이 더 반짝거리고 예쁘네.'라며 멍하게 바라만 보고 있다가는 다음 날 강풍 때문에 큰일이 날 수도 있겠네요!

2

비와 눈에 관한 궁금증

021

비는 왜 내리는 걸까?

공기 중의 수증기가 하늘 높이 올라가면 온도가 낮아져서 물방울이나 얼음 알갱이로 변하고, 그것들이 모여서 구름이 만들어져요. 비는 이렇게 만들어진 구름에서 물방울이나 얼음 알갱이가 지상으로 떨어지는 거예요.

비가 내리는 이유는 상승기류의 힘이 약해졌거나 상승기류의 힘보다 물방울이나 얼음 알갱이의 무게가 더 무거워졌기 때문이에요. 둘 중 어느 쪽이든 상승기류가 더 이상 물방울이나 얼음 알갱이의 무게를 지탱할 수 없게 되면 비가 되어 땅으로 떨어지지요.

이때 기온이 낮아서 얼음 알갱이가 녹지 않으면 비가 아닌 눈이 되어 내려요. 하지만 보통은 얼음 알갱이가 녹아서 비가 되어 내리지요.

구름 중에서도 특히 상승기류가 매우 강한 적란운은 구름 속의 물방울이나 얼음 알갱이가 점점 커져도 웬만해서는 떨어지지 않아요. 하지만 상승기류의 힘이 한계에 다다라서 결국 떨어지게 되면 매우 큰 빗방울이 되어 떨어지기 때문에 아주 강한 비가 내리게 된답니다. 곧 비를 뿌릴 것처럼 큰 적란운이 보인다면 장대비가 쏟아질 가능성이 있으니 조심하세요.

022 비가 내리면 왜 추워질까?

따뜻한 날이 계속되는 시기라도 비가 내리면 갑자기 기온이 낮아지고 으슬으슬 한기가 느껴질 때가 있지요? 비가 내리는 날에는 비구름이 태양을 가려서 기온이 오르지 않게 되니 아무래도 춥다고 느껴질 때가 많아요.

하지만 비구름과 함께 따뜻한 남풍이 불어오면 비가 내리는 날에도 기온이 오를 때가 있어요. **비가 내리는 날에도 남풍이 불면 따뜻하고, 날씨가 맑은 날에도 북풍이 불면 추워지지요**. 그래서 비가 내리면 추워진다고 단순하게 말하기는 어려워요.

또한, 비가 내리는 날에는 옷이나 몸이 비에 젖을 때가 많은데, 그 수분이 증발하면서 체온을 빼앗아가기 때문에 추위를 느끼기도 해요. 그러니 비가 오면 우산을 쓰거나 비옷을 입어서 되도록 비에 젖지 않도록 하고, 만약 비에 젖었다면 마른 수건 등으로 바로 물기를 닦는 게 좋답니다.

023

비가 내리지 않는 곳도 있을까?

바다나 강에서 멀리 떨어져 있고, 주위가 온통 산으로 둘러싸여 있어서 습기가 유입되기 어려운 지역은 이러한 지역적 특징으로 인해 수증기가 많이 발생하지 않아요. 때문에 비가 거의 내리지 않지요.

비가 거의 내리지 않는 장소로 대표적인 곳은 바로 사막이에요. 사막은 모래나 암석 등으로 이루어진 매우 건조하고 메마른 땅이에요. 세계적으로 보면 넓은 사막이 있는 이집트의 연간 강수량은 30mm 정도인데, 바다로 둘러싸인 일본의 연간 강수량은 1,700mm나 되니 그 차이가 엄청나지요?

일본의 경우, 특히 비가 많이 내리는 지역은 주변이 온통 바다로 둘러싸인 오키나와섬이에요. '스콜'이라고 부르는 돌발적인 호우도 자주 내리지요.

하지만 근처에 바다가 있더라도 비가 별로 많이 내리지 않는 지역도 있어요. 그 예로, 세토 내해 쪽에 있는 시코쿠섬 북쪽의 가가와현이나 에히메현이 있지요. 시코쿠섬의 중앙에는 시코쿠 산지라고 부르는 높은 산맥이 있어요. 여름에 남쪽에서 불어오는 비구름들은 이 산맥에 가로막혀 넘어가지 못하고, 이로 인해 태평양 쪽에 있는 시코쿠섬 남쪽의 고치현에 많은 비가 내리게 되지요. 겨울에는 동해 쪽에서 눈을 내리게 하는 구름이 몰려오지만, 이 구름은 시코쿠섬의 위쪽에 있는 주고쿠 지방의 주고쿠 산지라는 높은 산맥에 가로막혀 시코쿠섬까지 내려오기가 어려워요.

일본에는 이 밖에도 비구름이 산을 넘어가지 못해서 비나 눈이 많이 내리지 않는 지역들이 꽤 있어요. 산의 보호를 받는 셈이지요.

* 우리나라의 연간 강수량은 약 1,300mm입니다.

024

비가 전혀 내리지 않을 수도 있을까?

우리나라는 바다로 둘러싸여 있기 때문에, 그런 일은 아마 일어나지 않을 거예요. 햇빛에 의해 데워진 바닷물은 증발하여 공기 중에 수증기로 존재해요. 그리고 그 수증기가 모여서 구름이 되어 비를 내리게 만들지요. 비가 적게 내릴 수는 있지만, 비가 전혀 내리지 않을 일은 없답니다.

우리나라는 태풍이 오지 않는 해에는 비가 적게 내려요. 그리고 '마른장마'라고 해서 장마철인데도 비가 적게 오는 해에도 비가 적게 내린답니다. 우리나라의 연간 강수량은 태풍이 발생했을 때 내리는 비와 장마철에 내리는 비가 많은 부분을 차지해요. 따라서 비가 적게 내리는 해에는 이 두 가지의 영향이 크게 작용한다고 할 수 있어요.

우리나라의 연간 강수량은 세계 평균 연간 강수량보다 많아요. 그 이유는 바로 태풍 등으로 인한 폭우와 긴 장마철 때문이에요. 다른 나라들과 비교했을 때, 비가 내리는 날이 특별히 더 많은 것은 아니랍니다.

025 산에서는 왜 비가 자주 내릴까?

그건 39쪽에서도 설명했듯이 바람이 산에 부딪혀서 쉽게 상승기류가 만들어지기 때문이에요. 바람이 강할수록 상승기류가 발생하기 쉬워지니 바람이 강한 날에는 산에서 비가 자주 내리게 되는 거지요.

단, 바람만 불고 '습기를 머금은 공기'가 없다면 구름이 만들어지지 않아서 비가 내리지 않아요. 즉 비가 내리는 건 바람의 방향과도 큰 관련이 있어요. 예를 들어, 일본의 경우 후지산에 남풍이 불면 비가 내리기 쉽지만, 북풍이 불면 비가 잘 내리지 않아요. 왜냐하면, 북풍은 태평양 쪽에 있는 후지산에 도착하기 전에 이미 동해 쪽에 비나 눈을 전부 쏟아붓기 때문이에요. 따라서 후지산에는 건조한 바람만 부딪히기 때문에 비가 내리지 않는 거지요. 결국, **태평양 쪽에 있는 산은 남풍이 불 때 비가 자주 내리고, 동해 쪽에 있는 산은 북풍이 불 때 비가 자주 내리게 되는 거예요.**

그리고 높은 산에서 상승기류가 발생하여 구름이 만들어지고 비가 내리는 건 그만큼 공기 중의 습도가 높다는 증거예요. 습도가 높으면 꼭 산이 아니더라도 언제 구름이 넓게 발달해서 비를 뿌리기 시작해도 이상하지 않은 상태인 거죠.

만약 산 정상에 구름이 걸려 있는 걸 보았다면 곧 비가 내릴 거라는 신호예요. 집 근처에 산이 있다면 주의 깊게 살펴보세요.

026

빗물은 깨끗할까, 아니면 더러울까?

혹시 비가 내리는 날 하늘을 향해 입을 벌리고 빗물을 받아 마셔본 적 있는 친구 있나요? 분명히 있을 거예요. 하늘에서 내리는 거니 깨끗하다고 생각할지도 모르지만, 아쉽게도 빗물은 깨끗하지 않답니다. **빗물에는 공기 중에 떠다니는 미세한 입자나 먼지, 꽃가루, 배기가스, 새똥 등 여러 가지 물질들이 섞여 있어서 마시지 않는 게 좋아요**.

수증기는 공기 중의 미세한 입자나 먼지와 같은 물질에 달라붙어서 물방울이나 얼음 알갱이가 되어 구름이 만들어져요. 지저분하다고 느껴질지도 모르겠지만, '핵'이 되는 어떤 물질이 없으면 물방울이나 얼음 알갱이가 되기 어렵거든요. 실제로 남극은 공기가 너무 깨끗해서 물방울이나 얼음 알갱이가 만들어지지 않기 때문에 비가 잘 내리지 않아요.

물론, 눈도 비와 같은 원리로 만들어지기 때문에 먹지 않는 것이 좋아요. 방금 내린 새하얀 눈은 깨끗하고 맛있어 보이지만, 유리컵 등에 담아 한번 녹여 보세요. 눈이 녹은 물속에 먼지 같은 이물질이 떠다니는 걸 눈으로 확인할 수 있답니다. 그걸 보면 아마도 '먹지 않길 잘했다!'라는 생각이 들 거예요.

봄에는 중국에서 **황사**라고 하는 황색 모래가 일본까지 날아와요. 초봄까지 눈이 내리는 추운 지역에서는 대기 중에 퍼져 있던 황사가 눈과 섞여서 내리기 때문에, 누런색의 눈이 내리지요. 눈이 내리는 도중에는 누런색으로 보이지 않지만, 겨울 동안 눈이 벽처럼 높게 쌓이는 지역에서는 누런색 눈이 쌓인 층을 확실히 눈으로 확인할 수 있어요.

027 비가 내리는 속도는 얼마나 될까?

비는 빗방울의 크기에 따라 떨어지는 속도가 달라요. 빗방울이 클수록 무게가 무거워지므로 떨어지는 속도가 빨라지지요.

비가 부슬부슬 내리는 보통의 경우, 빗방울의 크기는 지름이 2mm 정도이고 떨어지는 속도는 시속 25km 정도예요. 그러나 강한 비가 내릴 경우, 빗방울의 지름은 3~4mm 정도이고 떨어지는 속도는 시속 30km 정도로 빨라지지요.

시속 30km가 어느 정도의 속도인지 이해하기 쉽게 설명하자면, 대략 오토바이가 달리는 빠르기 정도라고 할 수 있어요. 하늘에서 오토바이가 달려온다고 생각하니 조금 무섭지 않나요?

구름이 급격하게 발달해서 갑자기 비가 내릴 때는 상공의 공기가 아래쪽으로 향하는 힘(하강기류)도 강하기 때문에 빗방울이 떨어지는 속도가 더욱 빨라져요. 예를 들어, 여름철 갑자기 내리는 강한 소나기는 빗방울이 떨어지는 속도가 매우 빠르지요.

028

축구공만큼 큰 빗방울이 떨어질 수도 있을까?

상상해 보면 재미있을 것 같지만, 그렇게 큰 빗방울이 떨어질 일은 없답니다. 땅으로 떨어지는 동안 분열되어서 작아지기 때문에, 빗방울은 아무리 커도 7~8mm 정도밖에 되지 않아요.

하지만 우박의 경우에는 아주 큰 우박이 떨어질 때가 있어요. 하늘에서 떨어지는 얼음 덩어리인 '우박'을 본 적이 있나요? 우박은 하늘에서 떨어지는 동안 얼음 알갱이들끼리 서로 달라붙어서 1~2cm 정도의 크기가 되기도 해요. 해외에서는 골프공 정도 크기의 우박이 떨어질 때도 있어요.

일본에서는 옛날에 귤 정도 크기의 우박이 떨어진 적이 있었고,

100년도 더 지난 1917년 6월 29일 사이타마현에서는 단호박 크기의 매우 큰 우박이 떨어진 적이 있었다고 해요. 그렇게 큰 우박이 떨어지는 걸 직접 눈으로 보게 된다면 분명히 깜짝 놀랄 거예요.

우박은 매우 딱딱해서 크기가 조금만 커도 비닐하우스의 비닐이 찢어지거나 자동차의 앞 유리가 깨질 수 있기 때문에 매우 위험해요. 그러니 우박이 내리면 반드시 안전에 유의하세요.

029 따뜻한 비도 있을까?

손으로 만졌을 때 '따뜻하다.'라고 느껴지는 비는 아마 없을 거예요. 하지만 기상학적 관점(날씨를 연구하거나 예보하는 사람들의 관점)에서 보면, 비는 '찬 비'와 '따뜻한 비' 두 가지로 나눌 수 있답니다.

'찬 비'는 어는점 이하(0℃ 이하의 온도)의 구름 속에서 얼음 알갱이가 만들어지고, 그 얼음 알갱이가 떨어지는 도중에 녹아 비로 변한 것을 가리켜요. 그리고 '따뜻한 비'는 구름 속에서 얼음 알갱이 대신 물방울이 만들어지고, 그 물방울이 그대로 비가 되어 떨어지는 것을 말하지요. 한 번이라도 얼어서 얼음 알갱이가 된 적이 있는지 없는지에 따라 구분하는 것일 뿐, '온도가 몇 ℃ 이상이면 따뜻한 비'

라는 식으로 정해져 있는 것은 아니에요.

상공의 기온은 매우 낮아서 대부분은 얼음 알갱이가 떨어지면서 녹아 물방울이 돼요. 그렇기 때문에 일본에 내리는 비의 70~80%는 '찬 비'라고 할 수 있지요.

그런데 일기예보에 따라서는 기온이 높은 날 내리는 비를 '따뜻한 비'라고 부를 때도 있어요. 그러한 경우에도 비 자체의 온도가 따뜻하다는 의미가 아니라 '비가 내리지만 따뜻하다고 느껴지는 날입니다.'라는 뜻이니 혼동하지 않도록 해요!

030

여우비는 왜 내리는 걸까?

해가 쨍쨍하고 날씨가 맑은 데도 불구하고 비가 내릴 때가 있어요. 정말 이상한 광경이지요? **이런 비를 여우비라고 하는데, 여우비가 내리는 데는 세 가지 원인이 있어요. 비가 땅 위로 떨어지는 사이에 비구름이 사라져 버렸거나, 멀리서 내린 비가 강한 바람에 날아왔거나, 햇빛이 비쳐 보일 정도로 작은 구름이 비를 뿌리는 경우 중 하나이지요.**

여우비는 대기가 불안정할 때 자주 내려요. 예를 들어, 상공에 한기(차가운 공기)가 유입되면 지상과의 온도 차이 때문에 여기저기에 작은 구름이 여러 개 만들어지는 경우가 있어요. 이 여러 개의 구름이 비를 뿌리고 사라지고, 또 비를 뿌리고 사라지기를 반복하면 지상에서는 여우비가 내리는 거지요.

상공에 차가운 공기가 자주 유입되는 동해 쪽에서는 이런 여우비가 자주 내려요. 동해 쪽 상공에 유입된 차가운 공기보다 바닷물이 더 따뜻해서, 마치 모락모락 김이 나는 것처럼 몽실몽실한 구름이 하늘로 떠올라요. 그리고 이런 구름은 크기가 작아서 비를 뿌리고 나면 구름 사이로 햇빛이 비치고, 또 비를 뿌리고 나면 햇빛이 비치는 상황이 반복되지요.

도쿄와 같은 태평양 쪽에서는 여름에 습한 공기가 유입되어 대기가 불안정해졌을 때나 태풍이 다가올 때 여우비가 자주 내려요. 여우비를 만날 수 있는 기회는 생각보다 많을지도 몰라요.

031 1년 중 비가 내리는 날은 며칠 정도일까?

지역이나 그해의 상황에 따라 다르기는 하지만, 일본에서 시간당 1mm 이상 비가 내리는 날은 연간 100~200일 정도예요. 시간당 1mm 이상의 비가 내린다는 것은 땅이 흠뻑 젖을 정도로 비가 내리는 거예요. 도쿄의 경우, 그렇게 비가 내리는 날이 2020년에 108일 있었어요. 이 숫자는 시간당 1mm 미만으로 내려 우산을 쓸 필요가 없을 정도의 비는 포함되지 않은 숫자니까 '조금이라도 비가 내린 날'로 치면 그 숫자는 훨씬 더 커지겠지요.

일본 내에서도 비가 자주 내리는 지역은 고치현이나 미야자키현이에요. 일본 전체로 보면 여름에는 태평양 쪽, 겨울에는 동해 쪽 지역에 비가 자주 내리지요.

일본은 다른 나라에 비해 비가 자주 내리는 편이에요. 그리고 내리는 양 또한 많지요. 2020년 도쿄의 연간 강수량은 대략 1,600mm였는데, 이는 세계 평균 강수량보다 훨씬 많은 양의 비가 내린 거예요.

가나가와현의 하코네에서는 하루에 비가 922.5mm나 내린 적도 있었어요(2019년 10월 12일). 그때는 여기저기에서 산사태가 일어나고, 큰 강이 범람(물이 넘쳐나서 홍수가 나는 것)해서 주변이 침수되기도 하는 등 아주 큰 피해가 있었답니다.

032 만약 매일 비가 내리면 어떻게 될까?

만약 매일 비가 내린다면 지역 곳곳에서 강이 범람해서 건물이나 도로, 지반이 물에 잠기는 **침수 피해**가 일어날 거예요. 게다가 산이 무너져 **산사태**가 일어나겠지요.

그뿐만 아니라 **농작물 피해도 나타나요**. 비가 너무 많이 내리면 농작물이 썩거나 일조량 부족(햇빛을 받는 시간이 적어지는 것)으로 인해 농작물이 잘 자라지 못하거든요. 이렇게 수확할 수 있는 농작물의 양이 줄어들게 되면 시장이나 슈퍼에서 판매하는 채소나 곡식의 가격은 높아질 수밖에 없어요.

또한 습하고 햇빛이 부족한 날씨로 인해 다양한 질병이 생길 수도 있어요. 비가 많이 내리면 하수나 하천이 넘쳐 지하수를 오염시키게 되고, 이 오염된 물로 인한 감염병이 생기는 거예요.

태풍이 올 때처럼 갑자기 많은 양의 비가 한꺼번에 내려도 문제지만, 장시간 비가 계속 내려도 큰 문제가 발생해요. 만약 매일 비가 내린다면, 우리의 일상생활에 큰 문제들이 발생하게 될 거예요.

033

만약 매일 맑은 날만 계속된다면 어떻게 될까?

날씨가 매일 맑으면 공기는 점점 건조해지고, 여름에는 기온이 너무 높아질 거예요. 비구름이 없으면 햇빛을 가릴 수 없을 것이고, 그렇게 되면 햇빛에 가열된 모든 것들로 인해 날이 갈수록 기온이 높아지겠지요. 맑은 날만 계속된다면 틀림없이 열사병으로 쓰러지는 사람들이 늘어나고 말 거예요.

또한, 물이 부족해져서 농작물 재배에 큰 피해가 발생하고, 그에 따라 채소나 곡식의 가격은 매우 비싸지겠지요. 매일 비가 내려도 큰 문제가 발생하지만, **매일 맑은 날만 계속되어도 농작물에 큰 피해가 발생하게 된답니다**.

우리나라는 비도 충분히 내리고, 일조 시간도 충분한 아주 좋은 환경에서 살고 있어요. '나는 비가 싫어.'라거나 '매일 왜 이렇게 더운 거야?'라고 불평하기보다는, 좋은 기후에 감사한 마음을 가져봅시다.

034 게릴라성 호우란 무엇이며, 내린다면 어떻게 해야 할까?

게릴라성 호우는 전문 용어로 '국지성 호우' 또는 '집중 호우'라고도 해요. 짧은 시간 동안 국지적으로 강한 비가 내리는 것을 말하지요.

게릴라성 호우는 비가 내리는 범위가 정말 좁아요. 그래서 우리 동네에서는 강한 비가 내리고 있는데, 겨우 몇 km 떨어진 옆 동네에서는 비가 전혀 내리지 않는 경우도 많지요. 그렇게 좁은 범위 내에서 시간당 30~50mm 정도의 강한 비가 내리는 거예요. 반경 1km 내의 좁은 범위에서 시간당 100mm의 비가 쏟아질 때도 있어요.

시간당 30~50mm의 비가 내린다는 건 그야말로 하늘에서 양동이로 물을 퍼붓는 것처럼 비가 쏟아지는 거예요. 아주 드물기는 하지만 시간당 50mm 이상의 비가 내리는 경우도 있어요. 그렇게 비가 쏟아지면 하늘이 온통 비에 가려서 한 치 앞도 보이지 않아 공포감이 느껴질 정도지요. 시간당 30mm 정도의 비만 내려도 상당히 강한 비니까요.

갑자기 게릴라성 호우가 내린다면 곧바로 안전한 건물이나 차 안으로 대피해야 해요. 잠깐 비를 피할 생각으로 나무 아래로 들어가는 것은 벼락을 맞을 위험이 있기 때문에 절대 하지 말아야 할 행동이에요.

게릴라성 호우가 내리는 이유는 상공에 차가운 공기가 유입되었거나 태양의 열에 의해 지표면이 뜨거워졌기 때문이에요. 지상과 상공의 온도 차이가 40℃ 이상이 되면 대기가 불안정해져서 갑자기 큰 비구름이 형성되거든요.

그래서 지상과 상공에 온도 차가 발생하기 쉬운 여름철에 게릴라성 호우가 자주 내리는 거랍니다. 만약 '대기의 상태가 불안정하다.'라는 일기예보가 발표되었다면, 아침에 날씨가 맑더라도 우산이나 우비를 가지고 외출하는 것이 좋아요.

035 눈은 왜 내리는 걸까?

눈은 비와 마찬가지로, 공기 중에 포함된 수증기가 상공에서 차가워져서 만들어진 구름에서 떨어지는 거예요. 상승기류의 힘이 약해졌거나 더는 구름의 무게를 견디지 못하게 되었을 때, 또는 상공의 온도가 낮거나 지표면 부근의 기온이 낮을 때 얼음 알갱이가 녹지 않고 눈이 되어 내리게 된답니다.

기온이 영하 15℃ 이하로 떨어지고 바람이 약하게 불 때, 공기 중에 있는 수증기가 미세한 얼음 결정들로 얼어서 공중에 떠다니는 것을 '**다이아몬드 더스트**'라고 해요. 저도 아직 실제로 본 적은 없지만, 얼음 알갱이가 햇빛을 받아 반짝반짝 빛나는 모습이 매우 아름답다고 해요.

일본에서 다이아몬드 더스트를 보려면 겨울철에 홋카이도로 가야 해요. 홋카이도는 겨울 기온이 때때로 영하 15℃ 정도까지 내려가기 때문에, 바람이 약하게 불고 날씨가 맑다는 조건만 충족되면 가능하거든요. 다이아몬드 더스트를 볼 수 있는 확률이 꽤 높은 거지요. 홋카이도에서는 아침에 학생들이 다이아몬드 더스트 속을 걸어서 등교할 때도 있다고 해요. 반짝반짝 빛나는 아름다운 빛에 둘러싸여 등교하는 기분이란 어떤 기분일까요? 그런 경험을 할 수 있다니 부럽네요.

036

기온이 몇 ℃일 때 눈이 내리는 걸까?

습도가 어느 정도인지에 따라 다르겠지만, 대체로 기온이 2℃ 이하로 내려가면 비가 눈으로 바뀌어요. 비가 눈으로 바뀌는 온도를 계속 관찰해 보면 기온이 1.8℃로 내려가면 비가 진눈깨비나 눈으로 바뀌고, 2.1℃로 올라가면 다시 비로 바뀐다는 것을 확인할 수 있어요. 역시 2℃가 비가 눈으로 바뀌는 온도의 상한선인 셈이지요. 그리고 1℃ 이하로 기온이 내려가면 내린 눈이 쌓이게 된답니다.

홋카이도나 도호쿠처럼 눈이 많이 내리는 지역은 겨울 동안 기온이 영하로 떨어지는 추운 날이 많아서 눈도 자주 내려요. 그에 비해 도쿄에 눈이 자주 내리지 않는 이유는 기온이 2℃ 이하로 내려가는 날이 별로 없기 때문이에요. 게다가 기온이 2℃ 이하로 내려가는 날이라고 해도 때마침 비구름이 발달해서 비가 내릴 확률은 높지 않기 때문에, 한 해 동안 눈이 내리는 날이 손에 꼽을 정도로 적은 거예요.

습도가 20% 정도밖에 되지 않아 공기가 매우 건조하다면 기온이 조금 더 높아도 눈이 내릴 가능성은 있지만, 그런 날에 비구름이 생기는 일은 거의 없어요. 비구름이 다가오면 습도가 점점 높아지기 때문에, 낮은 습도와 비구름이라는 두 가지 조건을 동시에 충족하기란 상당히 어려운 일이기 때문이지요.

참고로 도쿄보다 따뜻한 오키나와는 눈이 전혀 내리지 않는 지역인데, 2016년 1월 24일에 오키나와 본섬에서 관측 사상 최초로 진눈깨비가 내렸어요. 그날은 가고시마현 남쪽에 있는 아마미오섬의 아마미시에서도 1901년 이후로 115년 만에 눈이 내렸지요. 아마 오키나와 지역 주민들도 깜짝 놀랐을 거예요.

037

동해 쪽에는 왜 눈이 많이 올까?

여러분도 일기예보에서 **고기압**과 **저기압**이라는 용어를 자주 들어보았을 거예요. 날씨와 아주 밀접한 관련이 있는 말이거든요.

겨울철 동해 쪽에 눈이 많이 내리는 이유는 바로 '**시베리아 고기압**' 때문이에요. 시베리아 고기압은 시베리아라는 지역을 중심으로 형성된 강한 고기압으로, 이 고기압의 영향으로 차가운 북서풍이 불어와 눈이 내리는 원인이 되지요. 이 차가운 북서풍이 따뜻한 동해 위를 지나면서 습기를 많이 머금게 되는데, 이 때문에 많은 구름이 만들어져요. 그리고 이 구름이 일본 열도의 산에 부딪히면서 동해 쪽에 많은 양의 눈이 내리는 거지요.

반대로 태평양 쪽에 눈이 많이 내리지 않는 이유는 일본 열도에 높은 산들이 많아서 눈구름이 산을 넘어가기가 어렵기 때문이에요. 하지만 아이치현의 나고야 부근처럼 산맥과 산맥 사이의 틈을 통과한 눈구름이 눈을 내리게 하는 지역도 있어요. 아무래도 눈구름이 산맥을 넘거나 틈을 통과해서 도쿄 부근까지 오기는 어렵다 보니 이 지역에는 눈이 별로 내리지 않지요.

태평양 쪽 지역에서는 겨울철에 저기압이 남쪽 해상을 지나 동쪽으로 이동할 때 눈이 내려요. 일본에서는 이 저기압을 **남안 저기압**이라고 하는데, 이 저기압이 통과할 때 때마침 기온이 낮으면 도쿄에서도 눈이 내리지요. 남안 저기압이 일본 부근을 자주 통과하는 해가 있고 그렇지 않은 해가 있는데, 이에 따라 간토 지방에 많은 양의 눈이 내리기도 해요.

'고기압'과 '저기압'이란 무엇일까?

굴리

박사님, '고기압'과 '저기압'이 대체 무슨 말이에요?

날씨 박사

기압이란 쉽게 말해서 '공기가 누르는 힘'을 말해요. '고기압'은 공기가 많이 모여서 주변보다 기압이 높은 상태를 가리키고, '저기압'은 공기가 적어서 주변보다 기압이 낮은 상태를 가리키지요.

굴리

아, 그렇군요. 그런데 주변보다 기압이 높거나 낮으면 어떻게 되는 거예요?

날씨 박사

고기압인 지역에서는 공기가 상공에서 아래쪽을 향해 이동하고 지상 가까이에서 주변으로 발산되면서 하강기류가 형성돼요. 그래서 구름이 잘 생기지 않고 맑은 날일 때가 많아요. 반대로 저기압인 지역에서는 지상 근처에서 바람이 중심을 향해 불고, 공기가 하늘 위쪽으로 올라가기 때문에 상승기류가 형성되지요. 따라서 구름이 생기기 쉽고, 비가 오는 날이 많아지는 거랍니다.

굴리

고기압일 때는 날씨가 맑은데, 왜 시베리아 고기압의 영향을 받으면 동해 쪽에 눈이 내리는 거예요?

날씨 박사

시베리아 대륙에서 형성된 시베리아 고기압은 차갑고 건조한 바람을 동반해요. 그런데 이 바람이 도중에 동해를 만나면서 바다로부터 수분을 잔뜩 머금게 되기 때문에 구름이 형성되는 거예요.

굴리

저기압의 이름도 알려 주세요!

날씨 박사

대표적인 저기압으로는 온대 저기압과 열대 저기압이 있어요. 온대 저기압 중에서도 일본 남쪽 해상을 지나가는 저기압을 '남안 저기압'이라고 해요. 모두 일기예보에 자주 나오는 말이니 이름을 기억해 두면 좋을 거예요.

038

눈의 결정체는 어떻게 그렇게 예쁜 모양일까?

눈의 결정체를 확대해 보면 자연적으로 만들어졌다고는 믿기 어려울 만큼 너무나 예쁘지요? 눈의 결정체는 기본적으로 육각형 모양인데, 물 분자가 모여서 얼었을 때 육각형이 가장 안정적인 형태이기 때문이래요. 하지만 어떻게 그렇게 규칙적이고 예쁜 모양이 만들어지는지는 아직 완전히 밝혀지지 않았어요.

눈의 결정체는 다양한 형태가 있는데, 같은 모양처럼 보여도 자세히 보면 모두 다르기 때문에 완전히 같은 모양의 눈 결정체는 존재하지 않아요. 눈 결정체는 눈 속에서 서로 부딪히면서 커지는 동안 모양이 변하기도 하고, 구름에서 떨어지는 동안에도 온도나 습도에 의해 모양이 변해요. 그때그때 조건이 달라서 저마다 다른 모양이 만들어지는 거지요. 눈의 결정체를 보면 상공의 온도나 습도를 알 수 있어서, 눈을 '하늘에서 온 편지'라고도 부른답니다.

눈이 내리는 날에 검은색이나 남색처럼 진한 색의 옷을 입고 밖에 나가 보세요. 진한 색의 옷을 입으면 눈이 옷 위에 떨어지는 순간, 눈 결정체가 또렷하게 잘 보이거든요.

039 눈은 왜 바로 녹지 않을까?

눈도 얼음과 마찬가지로 기온이 0℃ 이상 되면 녹기 시작해요. 하지만 눈이 많이 내리는 지역의 겨울은 영하로 떨어지는 날이 많고, 기온이 잘 오르지 않기 때문에 내린 눈이 잘 녹지 않지요.

녹지 않은 채로 남아 있는 눈 중에서도 몇 달씩 녹지 않고 쌓여 있는 눈을 묵은눈이라고 해요. 묵은눈의 표면은 눈이라기보다는 얼음에 가까운데, 아주 딱딱하게 얼어 있어요.

보통은 낮에 기온이 오르면 눈이 녹아서 물이 되고, 그 물이 증발해서 사라져요. 그러나 눈이 많이 내리는 추운 지역에서는 낮에 눈이 조금 녹더라도 밤이 되면 기온이 영하로 떨어져서 낮에 약간 녹아서 생긴 물이 다시 얼어 버리고 말아요. 그리고 다음날에도 낮에는 눈이 조금 녹았다가 밤에는 그 물이 다시 얼어 버리는 상황이 반복되지요. 그렇게 표면이 점점 얼음처럼 되는 거예요. 묵은눈의 표면은 삽이 들어가지 않을 정도로 딱딱해서 눈삽으로는 제거하기가 어려워요. 봄이 와서 눈이 녹기를 기다리는 것밖에 방법이 없답니다.

눈이 많이 내리는 지역이 아니더라도 도로나 인도에 쌓인 눈이 살짝 녹았다가 다시 얼어서 얼음처럼 되는 경우가 있어요. 한 번 녹았다가 얼음처럼 꽁꽁 얼어 버린 눈은 매우 미끄러워서 위험하므로, 그런 길을 걸을 때는 조심조심 천천히 걸어야 해요.

040 싸라기눈과 우박은 눈의 한 종류일까?

눈은 구름에서 떨어지는 얼음의 결정이고, 싸라기눈이나 우박은 구름에서 떨어지는 얼음덩어리예요. 싸라기눈이나 우박은 구름 속, 또는 구름에서 떨어지는 도중에 얼음 결정들이 충돌하여 녹아서 물이 되었다가 다시 냉각된 것이기 때문에 결정은 보이지 않아요.

싸라기눈과 우박을 나누는 기준은 사실 크기 차이일 뿐이에요. 크기가 5mm 미만인 것은 싸라기눈, 5mm 이상인 것은 우박이라고 하지요.

눈은 겨울에 내리지만, 태평양 쪽에서는 싸라기눈이나 우박이 여름에 내리는 경우도 많아요. 여름철 지상의 기온이 따뜻해지면, 상공이 조금만 차가워져도 지상과 상공의 온도 차가 커져서 대기가 불안정해져요. 그렇게 되면 상승기류에 의해 구름 속에도 바람이 강하게 불게 되는데, 이때 얼음 알갱이들이 서로 충돌하게 되지요. 얼음 알갱이들이 부딪히면서 녹았다가 다시 얼어붙어 점차 커지면서 딱딱해져 싸라기눈이나 우박이 되어 땅으로 떨어지게 되는 거랍니다.

적란운이 뭉게뭉게 피어오르면 싸라기눈이나 우박이 내릴 수 있어요. 갑자기 적란운이 발달해서 낙뢰나 토네이도에 주의하라는 일기예보가 발표되면 싸라기눈이나 우박이 내릴 가능성이 있지요. 싸라기눈이나 우박 모두 딱딱해서 맞으면 위험하기 때문에, 만약 싸라기눈이나 우박이 내린다면 안전한 건물 안으로 대피하는 것이 좋아요.

041 화이트 아웃이란 무엇이며, 발생하면 어떻게 해야 할까?

화이트 아웃이란 눈이나 안개 때문에 눈앞이 모두 하얘져서 아무것도 보이지 않게 되는 현상을 말해요. 눈이 많이 오는 지역에서 강풍이 부는 날 자주 일어나는 현상인데, 내리고 있는 눈이 날아오는 것이라기보다는 쌓여 있던 눈이 바람에 날려서 시야를 가리게 되는 경우가 많아요.

기온이 낮은 날에는 건조한 눈이 바람에 날리기 쉬워요. 상대적으로 기온이 높은 날의 습기를 머금은 눈과는 달리, 건조한 눈은 푸슬푸슬하거든요. 그런 눈이 쌓여 있을 때 저기압이 가까워져서 바람이 점점 강해지면, 일기예보에서도 '눈보라에 의한 화이트 아웃을 조심'하라는 주의를 내보내요.

화이트 아웃 현상이 발생했을 때 운전하는 것은 매우 위험한 일이에요. 아무것도 보이지 않아 추돌 사고가 발생하거나 길에서 움직이지도 못하고 꼼짝없이 갇혀 버리는 경우가 많거든요. 그러니 **화이트 아웃이 발생할 우려가 있는 날에는 가능한 외출을 자제하는 것이 가장 좋은 방법이에요**. 꼭 외출이 필요한 경우에는 만일의 경우를 대비해서 물이나 식료품, 휴대용 화장실, 담요와 같은 방한용품 등 차에서 숙식을 해결하는 데 필요한 물품을 꼭 준비해야 해요. 화이트 아웃이 자주 발생하는 홋카이도의 주민들은 이미 그렇게 하고 있을 거예요.

제비? 개구리?
날씨를 알려 주는 동물이 정말 있을까?

날씨 박사: 혹시 우리 주변에서 흔히 볼 수 있는 동물을 관찰함으로써 날씨를 예측할 수 있다는 사실을 알고 있나요?

꿈냥이: 정말이요? 어떤 동물인데요?

날씨 박사: 예를 들면, 제비가 낮게 날면 비가 온다는 말이 있어요. 비가 오기 전에는 습도가 높아지지요. 공기 중에 수분이 많아지면 곤충의 날개가 무거워져서 평소보다 낮게 날게 되고, 그런 곤충들을 잡아먹는 제비 역시 평소보다 낮게 날기 때문이에요.

꿈냥이: 아, 곤충들은 몸집이 워낙 작아서 습도가 조금만 높아져도 날개가 무거워지는군요.

날씨 박사: 그리고 개구리에 관한 것도 있어요. 개구리는 습도가 높아지면 더욱 활발하게 움직이기 때문에, 개구리 울음소리가 커지면 곧 비가 내린다는 말이 있지요.

꿈냥이

습도가 높아지면 왜 개구리의 움직임이 더 활발해지는 건데요?

날씨 박사

양서류는 젖은 피부로 피부 호흡을 해서 수분을 흡수해요. 따라서 피부가 건조해지면 움직임이 둔해지고 힘이 없어지지요. 만약 울음소리가 들리지 않더라도 개구리가 나뭇잎 위로 폴짝폴짝 뛰어다니거나 활발하게 움직이는 모습을 보인다면 비가 점점 가까워지고 있다는 신호일지도 몰라요. 그리고 또 거미를 통해서도 날씨를 예측할 수 있어요.

꿈냥이

저는 공원에 자주 놀러 가는데, 가끔 나무에 거미가 집을 만들어 놓은 걸 봤어요! 그것도 날씨와 연관이 있나요?

날씨 박사

거미집은 날씨가 맑을 거라는 징조예요. 거미는 비가 오거나 바람이 강해지기 전에는 집을 짓지 않거든요. 강한 비나 바람에 거미집이 날아갈 수 있으니까요. 아마도 거미에게는 생명과 직결된 것이다 보니, 그만큼 날씨에 대해 민감하게 느낄 수 있는 감각이 발달한 건지도 모르겠어요.

꿈냥이

그럼 거미집이 전혀 보이지 않는 날은 비가 올지도 모른다는 거네요? 앞으로 잘 관찰해 봐야겠어요!

3

바람과 태풍, 천둥에 관한 궁금증

042 바람은 왜 부는 걸까?

공기는 기압이 높은 쪽에서 낮은 쪽으로 흘러가요. 그리고 이러한 공기의 흐름이 바로 **'바람'**이에요.

예를 들면, 미끄럼틀을 탈 때와 비슷해요. 미끄럼틀을 타면 높은 곳에서 낮은 곳으로 내려오지요? 그리고 미끄럼틀의 경사가 심해서 높은 쪽과 낮은 쪽의 차이가 클수록 내려오는 속도가 빨라지고, 경사가 완만해서 높은 쪽과 낮은 쪽의 차이가 작을수록 속도가 느려져서 천천히 내려오게 되지요. 바람도 마찬가지예요. 기압이 높은 쪽과 낮은 쪽의 차이가 클수록 바람이 강해지고, 기압이 높은 쪽과 낮은 쪽의 차이가 작을수록 바람이 약해지는 거예요.

바람이 부는 데에는 몇 가지 유형이 있어요. 그중 가장 대표적인 유형은 어디에선가 발달한 저기압이 다가오면 그 저기압을 향해 바람이 부는 거예요. **계절과 관계없이, 발달한 저기압이 접근해 오면 바람이 매우 강해지고 태풍이 불기도 해요.**

043

지금까지 불었던 바람 중 가장 센 바람은 어느 정도였을까?

일기예보에서는 순간적으로 가장 강하게 나타난 바람의 속도를 '**최대순간풍속**', 10분간의 평균 풍속 가운데 가장 강한 바람의 속도를 '**최대풍속**'이라고 해요. 자료를 찾아보면, 과거 후지산에서는 최대순간풍속이 91.0m/s(1966년 9월 25일), 최대풍속이 72.5m/s(1942년 4월 5일)로 관측된 기록이 있어요. 이 기록은 일본 관측 사상 가장 빠른 풍속이에요.

숫자만으로는 어느 정도 강한 바람인지 감이 잘 오지 않을 거예요. 예를 들면, 최대순간풍속이 20m/s 정도만 되어도 바람에 몸이 날아갈 것 같은 느낌이 들어요. 그렇다면 최대순간풍속이 91.0m/s

인 바람은 얼마나 강한 바람일지 상상이 되나요? 집도 트럭도 다 날아갈 정도로 아주 강한 바람이지요.

단, 이렇게 강한 바람이 불었던 것은 아마도 그곳이 후지산의 가장 높은 정상이었기 때문일 거예요. 고도가 높아질수록 바람이 강해지고, 산 정상에는 바람을 막을 만한 장애물이 없기 때문이지요. 2019년에는 강한 태풍이 휩쓸고 지나가 많은 지역에 큰 피해를 남겼던 일이 있었어요. 그때의 최대순간풍속은 50m/s 정도였지요. 그러니까 토네이도가 불지 않는 이상 우리가 생활하는 지상 가까이에서 최대순간풍속이 90m/s를 넘어가는 바람이 부는 일은 아마 없을 거예요.

☀ 지금까지 우리나라에서 가장 센 바람은 2003년 9월에 한반도를 강타했던 태풍 매미로, 최대풍속 60m/s, 최대순간풍속 59.7m/s를 기록했습니다.

044

바다에서는 왜 바람이 세게 불까?

바다에는 바람을 막아 약해지게 만들어 줄 건물 등의 장애물이 아무것도 없기 때문이에요. 우리 주변에서 부는 바람은 건물 등에 부딪히면서 많이 약해지거든요.

그런데 오히려 높은 건물들이 빽빽하게 들어서 있는 도시에서 바람이 더 강해지는 경우도 있어요. 이러한 현상을 **'빌딩풍'**이라고 해요. 바람이 고층 빌딩에 부딪히면서 옆으로 갈라져 건물과 건물 사이로 빠져나가려고 하다 보니 좁은 공간에 바람이 집중되어 더욱 강해지는 현상이지요. 호스로 물을 뿌릴 때, 그냥 물을 뿌릴 때보다 호스의 끝부분을 손으로 눌러서 물이 나오는 구멍을 좁게 만들면 물이 더 세게 뿜어져 나오지요? 이와 마찬가지로 바람도 통하는 길이 좁아지면 더 강해지는 거예요.

도시의 빌딩가 외에도 지하철역 계단 근처의 좁은 통로 등과 같이 부분적으로 항상 바람이 강하게 부는 장소들이 꽤 많이 있어요. 여러분이 자주 다니는 곳 중에서 바람이 강하게 부는 장소를 기억해 두고 모자 등의 소지품이 바람에 날아가지 않도록 조심하세요.

045

낮과 밤의 풍향은 왜 바뀔까?

바람의 방향이 바뀌는 원인 중 가장 큰 이유는 저기압이 유입되어 바람의 흐름이 바뀌는 경우예요. 오전에는 남풍이 불었는데 밤이 되니 북풍으로 바뀌는 경우처럼 말이에요.

그런데 저기압이 유입되지도 않았는데 낮과 밤의 풍향이 바뀌었다면, 그건 육지와 바다의 온도 차 때문이에요. 땅(육지)은 물(바다)보다 빨리 따뜻해져서 햇빛이 비치는 낮 동안에는 육지가 바다보다 더 따뜻해지거든요. 하지만 육지는 온도가 빨리 내려가고 바다는 열을 품고 있는 특징이 있어서 햇빛이 비치지 않는 밤에는 바다가 육지보다 더 따뜻해지지요. 이러한 특징 때문에 낮에는 육지의 따뜻한 공기가 상승해서 바다의 공기가 육지 쪽으로 불어오고, 밤에는 바다의 따뜻한 공기가 상승해서 육지의 공기가 바다 쪽으로 불어오게 되지요.

쉽게 말하자면 낮에는 바다에서 육지를 향해 바람이 불고, 밤에는 육지에서 바다를 향해 바람이 분다는 거예요. 저녁 무렵 해안지방에서 해풍과 육풍이 교체될 때를 '**저녁뜸**'이라고 하는데, 이때는 한동안 바람이 불지 않고 잠잠해지는 무풍 상태가 되기도 해요.

바다 근처에 사는 사람들은 이러한 변화를 직접 몸으로 느끼며 살고 있겠지요?

046 북풍은 차갑고 남풍은 따뜻한 이유는 무엇일까?

바람이 따뜻함과 차가움을 모두 가져오기 때문이에요. 기본적으로 추운 지역(북쪽)에서 불어오는 바람은 차갑고, 따뜻한 지역(남쪽)에서 불어오는 바람은 따뜻해요.

하지만 남풍이 분다고 해서 반드시 따뜻하다고 느끼는 건 아니랍니다. 체감온도(우리 피부로 느껴지는 온도)는 바람의 세기에 많은 영향을 받는데, 풍속이 1m/s만 빨라져도 체감온도가 1℃나 떨어지기도 해요. 실제 온도와는 관계없이 바람이 강하면 강할수록 춥게 느껴지기 때문에, 남풍이 불더라도 바람의 세기가 강하면 춥다고 느끼지요.

일기예보에서는 남풍을 '따사로운 바람'이라고도 말해요. 하지만, 최대순간풍속 20m/s 정도로 불어오는 남풍을 그대로 맞는다면 분명 누구라도 "아, 추워!"라고 말할 게 틀림없어요.

그러니 **일기예보의 예상 기온이 높은 날이라도 '강한 바람'이 불 거라는 예보가 있다면 주의할 필요가 있어요.** 바람이 강한 장소인지 아닌지에 따라 체감온도가 달라지기 때문에, 바람막이 점퍼를 입거나 겉옷을 껴입어서 체온을 조절할 수 있도록 하는 것이 좋답니다.

047

'하루이치방'과 '코가라시'는 어떤 바람일까?

일본에서는 일기예보를 듣다 보면 '**하루이치방**'과 '**코가라시**'라는 이름의 바람 이야기를 들을 때가 있어요. 어떤 바람을 그렇게 부르는지 한번 알아볼까요?

하루이치방(春一番) **봄(春)에 맨 처음(一番)으로 불어오는 강한 남풍**. 달력상 '봄'은 입춘인 2월 4일 이후를 뜻하고, '남풍'은 서남서에서 동남동까지의 넓은 범위의 남쪽에서 불어오는 바람을 가리켜요. 간토 지방에서는 도쿄에서 최대풍속 8m/s 이상인 바람이 불지 않으면 하루이치방으로 인정하지 않으며, 북일본과 오키나와를 제외한 지역에서 발표되고 있어요.

코가라시(木枯らし) 초목(木)을 시들게 만드는 바람(枯らし)이라는 의미의 늦가을에서 초겨울 사이에 부는 강한 북풍. 도쿄에서는 10월 중순부터 11월 말 사이에 부는 풍속 8m/s 이상의 바람을, 긴키 지방에서는 10월 23일경부터 12월 22일 사이에 부는 8m/s 이상의 바람을 코가라시라고 불러요. 그리고 코가라시는 도쿄와 긴키 지방에서만 발표되고 있답니다.

봄에 맨 먼저 불어오는 바람이라는 의미의 '하루이치방'. 이름만 들으면 따뜻한 봄날에 불어오는 포근한 바람을 떠올리는 사람이 많지 않을까요? 하지만 실제로는 기온이 낮고 쌀쌀할 때 부는 경우가 많아요. 2021년 도쿄에서 하루이치방이 분 것은 2월 4일이었는데, 2월 4일이면 아직 겨울이라고 느껴지는 날씨 아닌가요?

048 토네이도는 왜 발생하는 걸까?

저기압이나 태풍이 다가오면 주위에서 공기가 집중되어 상승기류가 발생해요. 이 상승기류에 의해 적란운이 형성되면, 상승기류가 회전하면서 소용돌이칠 때가 있어요. 이러한 소용돌이가 바로 **토네이도**예요. 상승기류는 원래 소용돌이치면서 위로 올라가는데, 적란운에 의한 바람 때문에 소용돌이가 강해지는 것을 토네이도라고 부르는 거예요.

토네이도의 특징은 위에 적란운이 있다는 거예요. 적란운이 없으면 토네이도라고 부르지 않아요. 가끔 바람이 강한 날, 학교 교정이나 공원처럼 넓은 곳에서 바람이 소용돌이를 일으키면서 부는 걸 본 적이 있지요? 그걸 본 아이들이 "토네이도다!"라고 말하기도 하지만, 위쪽에 적란운이 있고 소용돌이치는 바람과 연결되어 있지 않으면 토네이도가 아니에요. 그럴 때는 대부분 바람이 작게 소용돌이치면서 흙먼지를 일으키는 '**선풍**'인 경우가 많아요.

토네이도는 바닷가나 평지에서 자주 발생해요. 주변에 산이 있으면 산에 가로막혀 바람이 회전하지 못하거나, 만약 회전한다고 해도 소용돌이가 끊겨 버려서 토네이도가 되기 어렵기 때문이에요.

토네이도는 계절과 관계없이 발생하지만, 가을에 특히 많이 발생해요. 그리고 주로 태풍을 동반하는 경우가 많지요. 계절과 관계없이 발생하는 경우는 **전선(따뜻한 공기와 차가운 공기가 만나는 경계선)**이 그 지역을 통과할 때예요. 전선이 통과하면 바람의 방향이 바뀌는데, 풍향이 바뀌면서 바람의 회전이 일어날 때가 있어요.

직접 본 사람이 적을 뿐이지, 해마다 토네이도는 꽤 많이 발생하고 있답니다.

049

토네이도가 발생했을 때, 빨리 달리면 피할 수 있을까?

거대한 토네이도가 불어닥치고 필사적으로 달려서 도망치는 사람들. 어딘가 영화 속에서 본 듯한 느낌이 들지 않나요? 토네이도가 이동하는 속도는 그때그때 다르지만, 평균 속도는 30~40km/h 정도예요. 그 정도의 속도는 오토바이가 달리는 정도의 빠르기이기 때문에 아무리 빨리 달린다고 해도 토네이도를 피하기는 좀 어려울 거예요.

토네이도가 잠시 같은 장소에 머물거나 내가 가고 있는 방향과 반대로 이동할 가능성도 있지만, **토네이도가 부는 것을 보았다면 즉시 근처에 있는 건물로 대피하는 게 가장 좋은 방법이에요**. 도로가 여러 방향으로 나 있는 곳이라면, 차를 타고 토네이도가 오지 않는 방향으로 피하는 것도 좋은 방법이지요. 하지만 가장 안전한 방법은 역시 건물 안으로 대피하는 거예요.

토네이도는 어느 정도 예측할 수 있어서 일본에서는 '토네이도 주의보'가 발표되기도 해요. 토네이도를 일으키는 적란운은 구름 자체가 천천히 회전할 때가 있는데, 기상 레이더(기상 상황을 관측하기 위한 장치)가 회전하는 구름의 영상을 확인하면 기상청이 토네이도 주의보를 발표하는 거예요.

단, 구름이 회전한다고 해서 모두 토네이도를 일으키는 것은 아니에요. 때문에 토네이도 주의보가 정확하게 맞을 확률은 5% 정도밖에 되지 않지요. 주의보를 발표하지 않았을 때 토네이도가 발생하기도 하므로 토네이도를 예측하는 것은 상당히 어려운 일이에요. 그러므로 토네이도 주의보에만 너무 의존하지 말고, '날씨가 불안정하고 돌풍이 부는 날에는 외출을 자제한다.', '만약 토네이도를 목격하면 즉시 건물 안으로 대피한다.'라는 안전 수칙을 꼭 기억해 둡시다.

050

태풍은 어떻게 발생하고, 어디에서 오는 걸까?

큰비와 강풍을 동반하는 태풍. 우리나라에서는 매년 수차례씩 태풍이 발생해요.

태풍이란, 따뜻한 해상에서 발생하는 최대풍속 17.2m/s 이상으로 발달한 열대 저기압을 가리키는 말이에요. 강한 비와 바람을 동반한다고 해서 모두 태풍이라고 부르지는 않고, '태풍'이 되려면 몇 가지 조건이 필요해요.

태풍의 근원이 되는 '열대 저기압'은 따뜻한 바다 위에서 발생한 저기압을 가리키는 말이에요. 일반적인 저기압은 한기(차가운 공기)와 난기(따뜻한 공기)가 만나면서 형성되지만, 열대 지방에서는 한기가 없어도 저기압이 형성될 수 있어요. 그 이유는 열대 지방의 강한 햇빛에 의해 바닷물이 데워지면서 많은 양의 수증기가 상승하여 구름이 만들어지기 때문이에요. 그렇게 만들어진 구름 주변에 따뜻하고 습한 공기들이 점점 모여들고, 거기에 지구의 회전(자전)에 의한 공기의 회전이 일어나면 아주 드물게 큰 소용돌이가 만들어져요. 이 소용돌이가 열대 저기압에서 점점 태풍으로 성장하는 거지요. 즉 열대 지방의 따뜻한 바다에서 발생한 수증기가 태풍의 시작인 셈이에요.

태풍은 육지에서는 발생하지 않고, 많은 양의 수증기가 방출되는 바다 위에서만 만들어져요. 우리나라에 접근하는 대부분의 태풍은 우리나라와 아주 먼 열대 지방이나 아열대 지방의 바다에서 발생한 것들이지요.

051 태풍이 다가오는 것은 언제부터 알 수 있을까?

예전과 비교하면 지금은 훨씬 더 정확하고 빠르게 태풍이 다가오는 것을 예측할 수 있게 되었어요. 예전에는 태풍이 발생한 이후에 기상청에서 '태풍이 ○○ 쪽으로 진행할 예정입니다.'라고 태풍의 진행 방향을 발표했지만, 2020년부터는 태풍으로 발달할 가능성이 있는 경우, 열대 요란(아직 태풍의 강도로 성장하지 않은 열대 저기압) 단계에서부터 태풍의 진행 상황을 발표하고 있어요.

발표가 빨라졌다고는 해도, 태풍이 어느 쪽으로 진행할지 예측할 수 있는 것은 5일 전부터나 가능해요. 만약 태풍이 일본의 남쪽에 있다면 어떤 경로로 접근해 올지 예측할 수 있어요. 하지만 정확도가 높아지는(예측한 내용이 맞을 확률이 높아지는) 것은 역시 2~3일 전이지요.

그런데 최근에는 우리나라 주변의 바다가 점점 따뜻해지고 있어서, 근처 해상에서 발생한 태풍이 빠르게 접근해 오기도 해요. 태풍은 따뜻한 바다를 오랫동안 지나면서 점점 더 세력이 강하게 발달하기 때문에, 가까이에서 발생한 태풍은 그리 강력하지 않다고 생각할 수도 있어요. 그러나 그렇다고 해서 태풍 피해를 막기 위한 대비를 게을리해서는 안 돼요.

052 태풍의 진로는 어떻게 결정될까?

태풍은 스스로 진행 방향을 결정하는 것이 아니에요. 주위의 바람에 의해 진행 방향이 바뀌는 거예요.

태풍은 우리나라 근처에서 **태평양 고기압**의 가장자리를 지나 북상(북쪽을 향함)하고, **편서풍**을 타고 동쪽으로 진행하는 경우가 많아요. 태평양 고기압은 여름철 태평양에서 발달하는 고기압으로, 따뜻한 바다에서 발생해요. 그리고 편서풍은 서쪽에서 동쪽으로 부는 바람이지요. 그래서 우리나라 부근의 태풍은 서쪽에서 동쪽으로 진행하는 경우가 많아요.

태풍의 진행 경로는 시기에 따라 바뀌기도 하지만, 오키나와에서 서일본이나 동일본을 향하는 경로로 지나가는 경우가 많아요. 2019년 일본에 큰 피해를 가져다준 태풍 15호나 19호는 일본 남쪽에서 북상하여 간토 지방 부근에 상륙하는 경로를 통해 지나갔기 때문에, 간토 지방과 도호쿠 지방 등에 큰 피해가 있었어요.

태풍은 동쪽으로 이동하면서 차가운 공기가 유입되면 세력이 약해지기 때문에, 일본 도호쿠 지방 근처에 도착할 때쯤에는 태풍이 아니라 '**온대 저기압**'이라고 부르는 저기압으로 바뀌는 경우가 많아요. 그래서 그보다 더 동쪽에 있는 홋카이도나 오호츠크해 쪽에는 태풍이 거의 지나가지 않게 되지요. 그런데 최근에는 지구온난화의 영향으로 수온이 점점 올라가서 태풍이 발달하기 쉬운 환경이 되었기 때문에, 홋카이도에서도 태풍 피해가 발생하는 일이 생기고 있어요. 앞으로는 더욱 강력한 태풍이 일본 열도를 지나갈 거라고 해요.

053

허리케인이 지나가지 않는 이유는 무엇일까?

태풍과 **허리케인**의 차이는 발생하는 지역에 따라 부르는 이름이 다를 뿐이에요. 우리나라를 비롯한 북서태평양에서는 '태풍'이라고 부르는 것을 미국과 같은 동태평양이나 대서양 지역에서는 '허리케인'이라고 부르는 거지요.

태풍이나 허리케인 모두 발생하는 현상으로만 보면 같지만, 허리케인의 기준이 태풍보다 더 강해요. 그래서 엄밀하게 말하자면 우리나라에서는 태풍이라고 부를 수 있는 규모라도 허리케인이라고 부를 수 없는 경우가 생기는 거지요.

우리나라는 태풍 중심 부근의 최대풍속이 25m/s 이상이면 '중간 태풍', 33m/s 이상이면 '강한 태풍', 44m/s 이상이면 '매우 강한 태풍', 54m/s 이상이면 '초강력 태풍'이라고 불러요. 허리케인은 중심 부근의 최대풍속이 33m/s 이상인 것을 가리키기 때문에, 강도로 말하자면 허리케인은 '강한 태풍' 이상이라고 할 수 있어요.

나라에 큰 피해를 가져다 주는 태풍은 '매우 강한 태풍'이었다가 상륙할 때쯤에는 '강한 태풍'으로 바뀌는 경우가 많아요. '강한 태풍'이라고 해도 풍속이 33m/s면 시속 100km를 넘는 속도이기 때문에 그 피해는 상당하지요. 그래서 해외에서 허리케인이 발생하면, 다른 나라에서도 뉴스로 보도할 정도로 큰 피해가 발생하게 됩니다.

054

태풍으로 사람이 날아갈 수도 있을까?

그럴 수도 있지만, 사람이 하늘로 날아가는 일은 아마 없을 거예요. 우선 강한 바람(풍속 15m/s 이상)이 불면 우산이 망가지거나 바람 때문에 제대로 걷지 못하고 넘어지는 사람이 생길 수 있어요. 매우 강한 바람(풍속 20m/s 이상)이 불면 바람에 날아다니는 물건들로 인해 창문 유리가 깨지는 일이 발생하기도 하고요. 그리고 아주 드물지만, 태풍으로 인해 맹렬한 바람(풍속 30m/s 이상)이 불면 사람이 쓰러지거나 트럭이 뒤집히는 일이 생기기도 해요.

토네이도가 불면 하늘을 향해 빨려 올라가는 일이 생길 수도 있지만, 사람이 하늘로 날아갔다는 뉴스를 지금까지 들어 본 적은 없어요. 해외에서는 소나 돼지 같은 가축이 하늘로 날아갔다는 이야기를 들은 적은 있지만요.

하지만 토네이도로 집 전체가 날아가기도 하니 그런 경우에는 사람도 날아갈 수 있어요. 일본에서는 집 안에 있다가 토네이도 때문에 사망한 사람은 거의 없지만, 약 10년 전 이바라키현의 쓰쿠바시에서 실제로 토네이도에 집이 날아가는 바람에 집 안에 있던 사람이 사망한 사고가 발생했었어요.

그렇기 때문에 아무래도 나무로 지어진 목조 건물보다는 콘크리트로 지어진 튼튼한 건물로 대피하는 게 더 좋아요. **토네이도가 아직 멀리 있고, 가까운 곳에 누구나 들어갈 수 있는 튼튼한 건물이나 시설이 있다면 그쪽으로 대피하는 편이 훨씬 안전하답니다.**

055

큰 태풍이 발생하면 어떤 일이 일어날까?

큰 태풍은 비구름의 범위가 넓기 때문에, 태풍에 의한 호우나 강풍의 영향 또한 넓은 범위에서 장시간 동안 발생해요.

태풍에 의한 피해로는 우선 **많은 양의 비가 내려 토양이 유실되거나 매몰되는 등의 재해가 발생하고, 하천의 수위가 높아져서 강이 범람하기도 하며, 지대가 낮은 곳에서는 침수 피해 등이 발생해요.** 그리고 강한 바람 때문에 전선이 끊어져서 정전이 발생하거나, 전차나 비행기가 멈춰서 교통 기관에도 문제가 발생하게 됩니다.

전차가 운행을 중단하는 이유는 강풍으로 인해 전차가 탈선하거나 전복되는 사고, 강풍에 날아온 물체가 선로를 막는 사고 등을 방지하기 위해서예요. 많은 철도 회사에서 풍속 25m/s 이상의 태풍이 불면 운행을 중지한다는 기준을 세워두고 있어요.

비행기 운항을 중지하는 것도 강한 바람이 불 때는 안전한 이착륙이 어려워지기 때문이에요. 측면에서 불어오는 옆바람인지 뒤에서 불어오는 뒷바람인지에 따라 기준에 차이는 있지만, 바람이 강할 때나 태풍이 접근해올 때는 미리 운항을 중지하게 되어 있어요.

태풍이 오면 무언가가 날아올 위험이 있어서 자동차로 이동하는 것도 안전하지 않아요. 때문에 **바람이 강해지기 시작하면 밖에 나가지 않는 것이 좋아요. 그러니 그전에 미리 대피하는 것이 무엇보다 중요해요.**

참고로 태풍이 많이 발생하는 시기는 여름에서 가을 사이에요. 겨울에도 발생하기는 하지만, 우리나라에 영향을 주는 태풍이 접근하는 시기는 대개 7월~10월 사이지요. 접근하는 태풍이 모두 우리나라에 상륙하는 건 아니지만, 여러분의 머릿속에도 '태풍=여름에서 가을 사이에 발생하는 것'이라는 이미지가 있지 않나요?

056

큰 태풍이 다가오는 것을 알았다면 어떻게 해야 할까?

태풍이나 지진은 모두 자연재해라는 점에서는 같지만, 지진과는 달리 태풍은 미리 오는 시기를 예상할 수 있어요. 그러니 우선은 일기예보를 통해 내가 사는 지역은 태풍이 언제 가장 가까워지는지, 또 비와 바람은 언제 강해지는지를 알아두는 것이 무엇보다 중요해요. 그리고 **태풍이 오기 며칠 전부터 태풍에 대비하기 위해 어떻게 해야 하는지 미리 '행동 수칙'을 작성해 둘 필요가 있어요**. 평소에 가족들과 함께 이러한 재해가 발생했을 때 어떻게 행동해야 하는지에 관한 대화를 나누고 146쪽에 나와 있는 태풍 대비 행동 수칙의 예를 참고해서 우리 가족의 상황에 맞는 행동 수칙을 정한 다음, 역할을 분담하는 것이 좋아요.

태풍은 보통 하루면 그 지역을 지나가기 때문에, 위험이나 피해가 오래 지속되는 지진에 비하면 비상식량은 많이 준비해 두지 않아도 괜찮아요. 단, 범람하기 쉬운 강 근처에 살고 있거나 침수로 인해 집 밖으로 나갈 수 없게 되는 경우, 그리고 아파트 엘리베이터가 작동하지 않아 고립될 가능성도 있으니 그런 경우에는 비상식량을 넉넉하게 준비해 둘 필요가 있어요. 적어도 3일, 가능하다면 일주일 동안 먹을 수 있는 식량을 비축해 놓으면 안심할 수 있답니다.

그리고 집 주변에 바람에 날아가기 쉬운 물건은 없는지 확인해 두는 것도 이웃의 안전을 지키기 위해 꼭 필요한 일이니 잊어서는 안 돼요. 특히, 놓치기 쉬운 것이 바로 자전거예요. 집 앞에 세워 두었던 자전거가 쓰러지거나 날아가서 지나가던 행인을 다치게 하거나 근처에 주차된 자동차에 흠집을 내는 사고가 발생하는 경우도 있거든요. 집 안에 자전거를 들여놓을 공간이 없다면 되도록 안쪽으로 들여놓고 눕혀서 보관해 두는 것이 좋아요.

태풍 대비 행동 수칙

태풍이 다가올 때의 행동 요령

3일 전

□ 집에 있는 비상식량과 재해 방지 용품을 확인하고, 부족한 것이 있으면 채워 놓는다.

□ 나와 가족이 평소 복용하는 약이 있다면, 약이 떨어지지 않도록 미리 병원에서 처방받아 준비한다.

□ 가까운 긴급 대피 장소의 위치와 이동 수단을 미리 확인한다.

2일 전

□ 집 주변에 바람에 날아가기 쉬운 물건은 없는지 확인한다.

□ 가족들의 이후 일정을 확인하고, 만일 위급한 상황이 닥치면 각각 어디로 대피할지 장소를 정해 놓는다.

1일 전

□ 스마트폰을 충전한다.

□ 자동차로 대피할 경우, 차에 기름을 충분히 보충한다.

□ 단수나 정전에 대비해서 욕조에 물을 받아 놓는다.

□ 큰 피해가 예상될 때는 날씨가 나빠지기 전에 호텔 등의 안전한 장소로 대피한다.

당일

□ TV나 인터넷 등으로 비나 강의 모습을 확인한다.

□ 언제든 대피할 수 있도록 움직이기 편한 옷으로 갈아입는다.

□ 대피 지시가 발표되면 즉시 대피소나 안전한 장소로 대피한다.

057 천둥 번개가 치는 원리는 무엇일까?

'우르르 쾅쾅!' 하는 무시무시한 소리와 번쩍이는 빛을 내면서 적란운에서 떨어지는 천둥 번개. 아마 여러분 중에도 천둥 번개를 무서워하는 친구들이 많을 거예요.

천둥 번개가 치는 원인은 바로 '정전기' 때문이에요. 적란운 내부에서는 상승기류에 의해 얼음 알갱이들이 서로 충돌하면서 정전기가 발생해요. 이 전기는 구름 속에서 조금씩 쌓여가는데, 너무 많이 쌓이면 구름이 감당할 수 있는 한계점을 넘게 되지요. 그렇게 되면 구름은 감당할 수 없게 된 전기를 지면으로 흘려보내는데, 이때 한 번에 전기가 흘러가면서 천둥 번개가 발생하게 되는 거예요.

'정전기'라는 말을 들어 본 적이 있을 거예요. 우리 몸이나 자주 사용하는 물건 등 모든 물체는 전기를 지니고 있는데, 물체가 지닌 전기의 균형이 깨지면 정전기가 발생하지요. 여러분도 책받침을 머리에 문질러서 머리카락이 책받침에 달라붙게 하는 놀이를 해 본 적이 있나요? 머리에 문지르는 행동으로 인해 전기의 균형이 무너져서 정전기가 발생하게 되는 거예요. 구름 속에서는 얼음 알갱이들이 서로 부딪혀서 균형이 깨지기 때문에 정전기가 발생하지요.

천둥 번개가 지면에 떨어지는 것은 지면이 전기가 잘 통하기 때문이에요. 공기는 전기가 통하기 어려운 물질이기 때문에, 지면을 향해 천둥 번개가 일직선으로 떨어져요. 물론, 더 높은 곳에 전기가 잘 통하는 물질이 있다면 그쪽으로 떨어지지요. 높은 빌딩이나 키가 큰 나무처럼 말이에요. 단, 그중에는 구름 속에서 방전(전기가 빠져나가는 것)되어 지면까지 떨어지지 않는 천둥 번개도 있어요. 그런 것을 '**운내 방전**(운방전)'이라고 해요.

058 천둥 번개는 왜 번쩍거릴까?

이제 천둥 번개의 정체가 전기라는 사실을 알게 되었지요? 구름에서 지면으로 전기가 흘러가는 순간, 전기가 흐른 곳의 공기는 전기에너지에 의해 1만℃ 이상의 높은 열이 발생해요. 그 열에 의해 번쩍이게 되는 거랍니다.

지면에 떨어질 때는 1만℃ 정도까지 뜨겁지는 않더라도 여전히 엄청난 열을 가지고 있어요. 때문에 근처에 불이 쉽게 붙는 물체가 있으면 불에 타기도 해요. 나무가 벼락을 맞아 타 버리는 것처럼 말이에요.

천둥 번개를 발생시키는 적란운을 '번개 구름'이라고도 해요. 가끔 우르르 쾅쾅 하는 천둥소리는 나는데 번개가 번쩍거리는 빛은 보이지 않을 때가 있지요? 그건 번개 구름이 가까이에 있지만, 구름에 가려서 빛이 보이지 않는 것뿐이에요. '번쩍거리지 않는 걸 보니 번개 구름이 아닌가?' 하고 방심하면 안 돼요.

059 천둥 번개가 칠 때는 왜 우르르 쾅쾅 큰 소리가 날까?

앞에서 천둥 번개가 지면으로 떨어질 때, 전기가 흘러간 곳은 1만℃ 이상의 높은 열이 발생한다고 설명했지요? 그 열 때문에 갑자기 공기가 팽창하게 되고, 공기와 공기가 서로 스치면서 진동이 발생하므로 우르르 쾅쾅 하는 큰 소리가 나는 거예요.

빛의 속도(30만km/s)는 소리의 속도(340m/s)보다 빨라서, 먼저 '번쩍' 하는 빛과 함께 번개가 친 다음에 '우르르 쾅쾅' 하는 천둥소리가 들려요. 이러한 소리와 빛의 시간 차이는 내가 있는 장소와 천둥 번개가 친 장소 사이의 거리를 알 수 있는 지표가 되기도 해요. 번쩍하고 번개가 치고 나서 10초 뒤에 천둥소리가 들리면 3km, 번개가 치고 나서 3초 뒤에 천둥소리가 들면 1km 정도 떨어져 있다고 해요.

하지만 3km나 1km 떨어져 있다고 해서 안심할 수는 없어요. 방금 천둥 번개가 친 곳과 떨어져 있다는 것뿐이지 다음에는 더 가까운 곳에 천둥 번개가 칠지도 모르니까요. 번개 구름은 그 크기가 10km나 될 정도로 큰 것도 있고, 곳곳에 번개 구름이 퍼져 있을 때도 있어요. 다음번에는 그 큰 번개 구름의 어디에서 천둥 번개가 칠지, 아니면 곳곳에 퍼져 있는 번개 구름 중 어느 구름에서 천둥 번개가 칠지 알 수가 없어요.

번개의 번쩍거리는 빛은 100km 이상 떨어진 곳에서도 보일 때가 있지만, 천둥소리는 어느 정도 가까운 거리가 아니라면 들리지 않아요. 때문에 소리가 들리지 않을 때는 번개 구름과의 거리가 어느 정도 떨어져 있다고 생각해도 좋아요. 하지만 소리가 들리는 시점부터는 번개 구름과의 거리가 상당히 가까워졌다는 의미니까 방심하면 안 돼요.

060

천둥 번개가 어디로 떨어질지 알 수는 없을까?

천둥 번개가 어디로 떨어질지 예상하기는 매우 어려워요. 근처에 높은 건물이나 피뢰침이 있다면 그곳에 떨어질 가능성이 크지요. 반면에 주택가처럼 비슷한 높이의 집들이 줄지어 있는 곳이라면, 어디로 떨어질지 전혀 알 수가 없어요.

피뢰침이란 높은 건물을 낙뢰로부터 보호하기 위해 옥상 등에 설치한 바늘처럼 끝이 뾰족한 금속제의 장치를 말해요. 피뢰침이 있으면 피뢰침이 대신 벼락을 맞고 그 전기를 지면으로 흘려보내요. 벼락이 건물에 직접 떨어지면 콘센트를 통해 전기가 흐르게 되어 건물 내부의 전기 관련 시설이 모두 망가져 버릴 수 있어서 피뢰침의 역할은 매우 중요하답니다.

사람들에게 잘 알려지지는 않았지만, 피뢰침은 다양한 곳에 설치되어 있어요. 학교 건물이나 빌딩 위에는 아마도 대부분 설치되어 있을 거예요. 여러분이 다니는 학교에도 설치되어 있는지 선생님께 한번 물어보세요.

물은 전기가 잘 통하는 물질이기 때문에, 바다나 강에도 벼락이 떨어지는 경우가 있어요. 그래서 바다에서 서핑이나 해수욕을 하다가 근처에 벼락이 떨어져서 감전되는 사고도 가끔 일어나요. 만약 바다나 강에서 천둥 번개가 치는 소리를 들었다면, 물에서 얼른 나와 즉시 대피해야 해요!

061

하늘을 나는 비행기가 번개에 맞을 수도 있을까?

비행기가 번개(구름과 구름, 구름과 대지 사이에서 일어나는 방전 현상)를 맞는다는 건 상상만으로도 너무나 무서운 일이지만, 사실 자주 있는 일이에요. 비행기는 구름과의 거리가 가깝고 전기가 잘 통하는 금속으로 만들어져 있어서, 아무래도 번개를 맞을 확률이 높지요.

하지만 비행기에는 중요한 전자기기 등이 망가지거나 기내에 타고 있는 사람들이 감전되지 않도록 전기를 흘려보내기 위한 방전 장치가 필수적으로 마련되어 있어요. 그래서 만약 비행기가 번개를 맞더라도 기체가 불타거나 추락하는 일은 없답니다.

그리고 지면이나 지상에 벼락(번개가 땅에 떨어져서 대지에서 방전되는 것)이 떨어지는 것은 '**낙뢰**'라고 하고, 비행기에 번개가 떨어지는 것은 '**피뢰**'라고 해요. 정확하게는 '비행기에 번개가 떨어지는 것'이 아니라 '비행기가 번개를 맞는 것'이므로 잘 기억해 두면 좋겠어요.

비행기가 번개를 맞으면 순간적으로 기내에서도 번쩍하고 빛이 나거나 충격을 받기 때문에, 만약 비행기에 타고 있다면 깜짝 놀랄 수도 있어요. 하지만 전기는 기체의 표면을 통해 흘러가고, 번개를 맞았다는 기내 안내 방송도 나올 테니까 안심해도 돼요.

062 갑자기 천둥 번개가 치면 어떻게 해야 할까?

번개가 칠 때는 우선 자세를 낮추고 빨리 건물 안으로 대피하는 것이 가장 안전해요. 공원이나 운동장처럼 주변에 아무것도 없는 장소에서는 사람의 키가 주변보다 높아져서 벼락의 표적이 되기 때문이에요. 그리고 여러 사람이 함께 모여 있으면 더 쉽게 벼락의 표적이 되기 때문에 근처에 건물이 없다면 여럿이 모여 있기보다는 서로 흩어지는 편이 더 안전해요. 그리고 **나무는 벼락을 맞기 쉬우니까 절대 나무 밑으로 대피하면 안 돼요.**

집 안에 있을 때 밖에서 번개가 치고 있다면 가능한 벽이나 창문에서 멀리 떨어지는 것이 좋아요. 만약 건물이 벼락을 맞는다고 해도 전기는 벽을 타고 지면으로 흘러가니 기본적으로는 안전하지만, 혹시 모를 위험에 대비하기 위해 전기가 통하는 장소에는 가까이 가지 않는 편이 안전하니까요.

그리고 전자 제품의 전기 코드는 콘센트에서 뽑아 놓는 것이 좋아요. 번개의 전기가 콘센트를 통해 흘러들어오기 때문에 코드를 꽂아두면 전자 제품이 망가질 수도 있거든요.

참고로, **자동차는 비행기와 마찬가지로 전기가 차체의 외부 금속 부분을 통해 흘러나가기 때문에 차의 내부도 안전해요**. 자동차를 타고 대피하는 것도 하나의 방법이에요.

빵 공장의 굴뚝에서 나오는 연기 모양으로 날씨를 예상할 수 있을까?

날씨 박사: 코로롱, 호빵맨은 어떤 날씨를 좋아할 것 같나요?

코로롱: 당연히 맑은 날씨 아닐까요? 호빵맨은 하늘을 날아다니고, 얼굴이 젖으면 힘이 없어지잖아요.

날씨 박사: 맞아요. 그럼, 빵 공장의 굴뚝에서 나오는 연기가 어떤 모양일 때 호빵맨이 안심할 수 있을까요?

코로롱: 그건 잘 모르겠는데요….

날씨 박사: 정답은 '위로 똑바로 올라가는 모양'이에요. 연기가 위로 똑바로 올라간다는 건 바람이 잔잔하다는 증거이지요. 당분간은 날씨가 나빠질 가능성이 적고 맑을 거라는 신호 같은 거예요.

코로롱

그럼 연기가 옆으로 퍼져 나가면 바람이 강하다는 증거이고, 비가 올 거라는 신호인가요?

그렇지요. 상공에서 바람이 강하게 불고 있다는 건 날씨가 불안정하다는 의미니까요.

날씨 박사

코로롱

지상보다 높은 곳에서 바람이 부는지 불지 않는지에 따라 날씨를 예상할 수 있는 거군요.

5월에는 고이노보리*를 보고 날씨를 예상할 수 있어요. 잉어 깃발이 남쪽을 향해 힘차게 헤엄치고 있으면 남풍이 강해지고 있다는 증거라고 볼 수 있지요. 따뜻하고 습한 남풍은 곧 비가 올 거라는 예고이기도 해요.

날씨 박사

코로롱

잉어 깃발이 힘차게 헤엄치는 건 좋지만, 남쪽을 향해 힘차게 헤엄을 치면 날씨가 안 좋아질 수도 있다는 거네요. 그건 좀 싫은데….

* 일본에서 남자아이의 성장과 출세를 기원하기 위해 어린이날에 잉어 모양의 깃발을 다는 풍속

4

기온에 관한 궁금증

063

여름에는 덥고 겨울에는 추운 이유는 무엇일까?

1장의 '8. 겨울에 밤(어두운 시간)이 길어지는 이유는 무엇일까?'에서 겨울이 되면 밤이 길어지는 이유를 설명했는데, 혹시 기억하고 있나요(32쪽)? 지구는 자전축이 기울어진 상태로 태양 주위를 1년에 한 바퀴씩 돌고 있어요. 그렇기 때문에 북반구에 있는 나라는 여름에 태양이 비치는 시간이 길어지고 겨울에는 태양이 비치는 시간이 짧아지지요.

여름에는 덥고 겨울에는 추운 것도 같은 이유 때문이에요. 태양이 비치는 시간이 긴 여름에는 태양으로부터 받는 에너지가 많아져서 기온이 올라가고, 반대로 태양이 비치는 시간이 짧은 겨울에는 태양으로부터 받는 에너지가 적어져서 기온이 내려가는 거지요.

뿐만 아니라 저기압이나 고기압의 영향으로 여름에는 남풍을 타고 따뜻한 바람이 불고, 겨울에는 북풍을 타고 차가운 공기가 유입돼요. 즉, **여름에는 햇빛을 많이 받고 따뜻한 남풍이 불기 때문에 덥고, 겨울에는 햇빛을 적게 받고 차가운 북풍이 불기 때문에 추운 거랍니다.**

064

북쪽과 남쪽은 왜 기온이 다를까?

지구가 둥근 공 모양이기 때문이에요. 그래서 장소에 따라 햇빛이 비치는 각도가 달라지기 때문에, 햇빛이 많이 비치는 지역은 따뜻하고 햇빛이 많이 비치지 않는 지역은 추운 거랍니다.

지구본을 보면, 지구를 위와 아래로 이등분하는 선이 그어져 있어요. 이 선을 '**적도**'라고 부르는데, 태양과 가장 가까운 장소들을 이은 선이에요. 태양과 가장 가깝다는 것은 기온도 높다는 의미가 되지요. 즉, **적도에 가까울수록 지구의 기온이 높아져요**.

그리고 북반구에 있는 나라의 경우, 북쪽보다는 남쪽이 적도에 더 가까워요. 그래서 일본의 경우, 홋카이도나 도호쿠 지방과 같은 북쪽 지방보다는 오키나와나 규슈와 같은 남쪽 지방이 더 따뜻하지요.

단, 북쪽이 춥고 남쪽이 따뜻하다는 건 어디까지나 북반구에 있는 나라에 해당하는 이야기에요. 지구의 아래쪽인 남반구에 위치하는 나라들은 남쪽보다 북쪽 지방이 적도와 가깝기 때문에 남쪽이 춥고 북쪽이 더 따뜻하지요.

북반구에 사는 우리에게는 '북쪽=춥다', '남쪽=따뜻하다'라는 인식이 당연한 상식처럼 여겨지는데, 남반구에 위치한 나라들은 반대라니 좀 이상하지요?

065

여름에 가장 더운 곳은 가장 남쪽에 있는 지역일까?

확실히 일본에서 가장 남쪽에 있는 오키나와는 1년 내내 따뜻하고 여름에는 기온이 30℃를 넘는 날이 아주 많아요. 하지만 35℃를 넘는 날은 거의 없어요. 도쿄에서도 35℃를 넘는 날은 꽤 있기 때문에 사실 오키나와의 여름은 그렇게 덥지 않아요.

그 이유는 오키나와의 주변이 온통 바다로 둘러싸여 있기 때문이에요. 바다는 육지보다 온도가 낮아서, 해풍이 부는 오키나와는 기온이 아주 높아지지 않는 거지요.

그럼 가장 더운 곳은 어디일까요? 바로 사이타마현의 구마가야 등과 같은 내륙에 위치한 분지예요. '분지'란 주변이 산으로 둘러싸인 평평한 토지를 말하는데, 산으로 둘러싸여 있어서 공기가 잘 순환되지 않아요. 그래서 햇빛에 데워진 뜨거운 공기로 가득 차서 한여름에는 기온이 40℃를 넘는 날도 있어요.

교토나 오이타현의 히타와 같은 분지도 여름에 매우 더운 지역이에요. 이 지역들 역시 **남쪽이나 서쪽에 위치해서 더운 것이 아니라, 지형 때문에 더운 지역이랍니다.**

☀ 우리나라에서는 산으로 둘러싸인 분지 지역인 대구가 여름철 가장 더운 곳으로 잘 알려져 있습니다.

066

높은 산의 정상은 태양과 가까운데도 왜 추울까?

평소 우리가 따뜻함을 느끼는 건 햇빛이 우리를 비추고 있기 때문만은 아니에요. 햇빛이 지면에 닿거나, 데워진 지면에서 발생하는 열 때문에 따뜻함을 느끼기도 해요.

그래서 지면으로부터의 거리가 멀어질수록 따뜻한 열이 전달되지 않기 때문에 높이가 높아질수록 기온이 낮아지고 추위를 느끼게 되는 거랍니다. 해발 3,776m인 후지산 정상이 추운 이유도 바로 이러한 원리 때문이지요.

지구와 태양과의 거리는 약 1억 4,960km나 떨어져 있어요. 그 거리와 비교하면 지면에서 후지산 정상까지의 높이인 3,776m는 거의 차이가 없는 것이나 마찬가지예요. 그러니까 태양과 아주 조금 더 가깝다고 해도 그에 따른 영향은 없는 거지요.

지면에서 멀어질수록 추워진다는 것은 바꿔 말하면 지면에 가까울수록 더워진다는 말이 돼요. 그래서 한여름의 유모차 안이 위험한 거예요. 기온이 35℃라고 해도 아스팔트 지면의 온도는 50℃를 넘기 때문에, 유모차 높이 정도의 온도는 40℃ 가까이 된다는 실험 결과도 있어요. 당연히 어른보다 키가 작은 어린이가 더위를 더 많이 느끼고, 어린이보다 키가 작은 강아지는 더위를 더 느끼겠지요. 한여름에 밖에 나가야 하는 일이 있다면, 꼭 양산을 쓰고 짧은 시간 안에 일을 마치는 것이 좋아요.

067

'기온'을 잴 때는 어디를 재는 걸까? 땅? 하늘?

하루에도 몇 번씩 일기예보에 등장하는 '**기온**'. 이 **기온을 측정할 때는 지표면으로부터 1.5m 떨어진 위치에서 측정하는 것으로 정해져 있어요**. 대략 성인 눈높이 정도의 높이지요.

지면이나 하늘의 온도를 측정하면 사람들이 실제로 느끼는 온도와 차이가 발생해요. 지면의 경우에는 그곳이 콘크리트 바닥인지, 흙인지, 아니면 풀밭인지에 따라 온도가 달라지거든요.

기온은 기상청이 설치한 **아메다스(일본의 지역 기상관측 시스템)**의 온도계를 사용해서 측정해요. 기상청이 아닌 다른 곳에서 설치한 온도계나 TV 방송국에서 설치한 온도계로 측정하기도 하고요.

한 가지 알아두어야 할 것은 기온은 그늘에서 측정하도록 되어 있다는 사실이에요. '현재 기온 몇 ℃'라고 발표되는 기온은 그늘에서 잰 기온이기 때문에, 햇빛이 비치는 곳의 기온은 그보다 높아지지요. 아주 무더운 여름날 일기예보에서 '현재 기온은 40℃'라고 말했다면, 햇빛이 비치는 양지의 기온은 그보다 훨씬 더 높을 거예요. 45℃ 정도까지 올라갈 수도 있어요.

그러니 햇빛 아래에서 야외 활동을 해야 하는 시간이 긴 날에는 일기예보에서 발표되는 기온보다 더 더울 거라고 각오하고 외출하는 것이 좋아요.

068

낮과 밤의 기온이 달라지는 이유는 무엇일까?

기본적으로 햇빛이 비치는 낮에는 기온이 오르기 쉽고, 햇빛이 비치지 않는 밤에는 기온이 떨어지기 쉬워요. 태양의 힘이 작용하는지 작용하지 않는지에 따라 기온이 변하는 것이지요.

또한, **기압배치에 따라 낮과 밤의 기온이 달라지기도 해요**. 기압배치란 저기압이나 고기압 등의 위치 관계를 뜻하는데, 기압배치는 하루 동안에도 바뀌어요. 때문에 아침에는 남풍이 불어서 따뜻했는데, 밤에는 북풍이 불기 시작해서 추워지기도 하지요.

낮과 밤의 기온이 달라지지 않을 때도 있어요. 낮에는 고기압의 영향으로 날씨가 맑고 기온이 높았다가 밤이 되면 저기압이 다가와서 구름이 끼기 시작하는 경우이지요. 상공이 구름으로 덮이면 **방사 냉각**이 약해져서 밤에도 기온이 계속 높게 유지되거든요.

'방사 냉각'은 낮 동안에 지면이 받았던 열이 우주를 향해 방출되면서 지면이나 공기가 차갑게 냉각되어 기온이 내려가는 현상을 말해요. 상공이 구름으로 덮여 있는 밤에는 지면으로부터 방출된 열이 구름에 가로막혀서 지면이나 공기가 냉각되지 않기 때문에 기온이 내려가지 않게 되지요.

이해가 잘 되지 않는다면 여러분이 잘 때 덮는 이불을 한번 떠올려 보세요. 이불을 덮고 있으면 여러분의 체온 때문에 이불 속이 따뜻한데, 이불을 걷으면 갑자기 추워지지요? 방사 냉각이 일어나지 않는 날의 구름이 바로 이불과 같은 역할을 하고 있다고 생각하면 이해하기가 쉬울 거예요.

069

도시의 밤은 왜 더울까?

도쿄처럼 콘크리트로 만들어진 빌딩이나 도로가 많은 도시는 콘크리트가 태양열을 받아 매우 뜨거워져요. 게다가 사람들이 사용하는 에어컨이나 자동차에서도 많은 열이 방출되지요. 이러한 원인 때문에 도시 중심부의 기온이 높아지는데, 이러한 현상을 '**열섬 현상**'이라고 해요.

도쿄가 밤에도 더운 것은 바로 이 열섬 현상 때문이에요. 콘크리트는 열을 흡수하고 저장하는 성질이 있어서 해가 비치지 않는 밤에도 열이 남아 있어요. 그리고 여름에는 밤까지 계속 에어컨을 트는 집이나 사무실, 가게들도 많이 있지요.

도쿄의 밤 기온은 조금씩 오르고 있는데, 최저 기온이 30.4℃인 적도 있었어요(2013년 8월 11일). 한밤중이나 새벽녘까지도 계속 기온이 30℃를 웃돌게 되면 너무 더워서 잠을 제대로 잘 수 없어요. 이렇게 열대야가 발생할 때는 밤중에도 열사병에 주의해야 해요.

070

'여름', '한여름', '맹서일', '열대야', '겨울', '한겨울'의 기온은 몇 도일까?

일기예보에서 사용되는 각각의 단어에는 기상청에서 정한 기준 온도가 있어요.

여름: 최고 기온 25℃ 이상

한여름: 최고 기온 30℃ 이상

맹서일: 최고 기온 35℃ 이상

열대야: 밤중 최저 기온이 25℃ 이상

겨울: 최저 기온 0℃ 미만

한겨울: 최고 기온 0℃ 미만

맹서일은 2007년 일본 기상청에서 정한 최고 기온 35℃ 이상인 날을 가리키는 예보 용어를 말하는데, 최근에는 '맹서일'의 최고 기온 35℃를 훨씬 뛰어넘을 정도로 더운 날이 관측되고 있어요. 그래서 곧 '맹서일'보다 더 더운 날을 가리키는 용어가 만들어지지 않을까 하는 생각도 들어요. 최고 기온이 40℃를 넘는 날은 '혹서일'이라고 부르기로 한다든지 말이에요.

'겨울'이나 '한겨울'은 일본 북부 지역의 일기예보에서는 자주 사용되는 용어이지만, 간토 지방에서는 별로 사용되지 않는 용어예요. 도쿄의 경우, '겨울' 기온에 해당하는 날은 1년에 10일 정도밖에 되지 않는데, 만약 일기예보에서 "오늘은 겨울 날씨입니다."라는 말을 들으면 그날은 매우 추울 거라고 각오하는 것이 좋아요.

※ 우리나라의 기상청에서는 2020년부터 일 최고 체감온도가 33℃ 이상인 상태가 2일 이상 지속될 것으로 예상될 때는 폭염 주의보, 일 최고 체감온도가 35℃ 이상인 상태가 2일 이상으로 지속될 것으로 예상될 때는 폭염 경보를 발령합니다.

071

열사병은 언제 조심해야 하고, 예방 방법은 무엇일까?

열사병에 걸리지 않으려면 기온뿐만 아니라 습도에도 주의해야 해요. 습도가 높으면 땀이 증발하지 않고 그대로 남아 있기 때문에, 습도가 높은 날일수록 열사병에 걸리는 사람이 많아요.

열사병의 위험도가 높을 때는 TV나 인터넷, 재난 방송 등을 통해 열사병에 대한 주의를 당부하는 '**열사병 경계 정보**'(일본 환경성과 기상청이 공동으로 발표)가 2021년부터 전국적으로 발표되고 있어요. 이 지표에서도 습도는 매우 중요하게 여겨지고 있지요.

열사병 환자가 많아지는 시기는 습도가 높고 우리 몸이 아직 무더위에 익숙해지기 전인 장마철 기간이에요. 날이 점점 더워지기 시작하는 4월 말부터 5월의 긴 황금연휴가 끝나고부터는 열사병에 주의하는 것이 좋아요.

열사병을 예방하는 방법으로는 충분한 수분 섭취와 염분 섭취가 중요해요. 물만 많이 마시면 체내의 염분 농도가 낮아지기 때문에, 된장국을 섭취하거나 염분이 함유된 스포츠음료를 마시는 것도 좋은 방법이에요. 아침에는 집에서 된장국을 먹고, 외출해서는 스포츠음료를 마시는 습관을 들여 보세요.

그리고 무엇보다 잘 자고, 잘 먹고, 무리하지 않는 것이 중요해요. 만약 열사병 경계 정보가 발표되었다면 낮 동안에는 외출을 삼가고 실내에서는 냉방기를 사용하도록 합시다.

072 열사병에 걸리면 어떻게 해야 할까?

열사병이 의심될 때는 우선 몸을 시원하게 하는 것이 가장 중요해요. 우선 환자를 시원한 장소로 옮긴 뒤, 옷을 벗기고 부채질을 하거나 찬물로 몸을 적시는 등 체온을 낮춰 주어야 해요. 피부의 수분이 증발하면 체온이 낮아지는데(이것을 **기화열**이라고 해요), 찬물로 몸을 적신 후에 부채로 부채질을 하면 체온을 더 빨리 낮출 수 있어요.

아이스 팩이나 차가운 물수건을 이용해서 체온을 낮출 때는 목이나 겨드랑이 아래, 사타구니 등 두꺼운 혈관이 지나가는 부위를 차갑게 하면 체온이 쉽게 내려가요. 물론, 스포츠음료 등을 마셔서 수분과 염분을 함께 섭취하는 것도 중요하지요.

열사병의 증상이 가벼울 때는 현기증이나 떨림, 땀을 많이 흘리는 등의 증상이 나타나요. 두통이나 메스꺼움 등의 증상이 있다면 중등도이기 때문에 조금 위험해요. 중등도인 환자가 그저 누워서 쉬면 낫겠지 하다가 갑자기 증세가 중증으로 악화하여 사망한 일도 있으므로 빠른 대처가 필요해요. 만약 경련이 일어나거나 의식이 없어서 수분 섭취도 불가능하다면 매우 심각한 상황이기 때문에 망설이지 말고 빨리 구급차를 불러야 해요.

어린이나 노인들은 몸 상태를 스스로 알아채기 어려워요. 따라서 자신의 몸 상태가 평소와는 조금 다르다고 느껴지면 우선 시원한 장소로 이동해서 체온을 낮추며 수분을 섭취하는 것이 좋아요. 만약 얼굴이 빨개지거나 몸에 열이 나고 머리가 멍해지는 등의 변화가 생긴다면 다른 사람들도 눈치챌 수 있으니, 만약 주변 사람들에게 그런 증상이 보인다면 빨리 도와주어야 해요!

073

지금까지 기록된 최저 기온과 최고 기온은 몇 ℃일까?

일본에서 기록된 최저 기온은 홋카이도 아사히카와시의 -41℃(1902년 1월 25일)예요.☀ -20℃ 정도면 속눈썹이나 코털까지 얼어버리는 추운 날씨인데, -41℃는 숨을 쉬면 폐까지 얼어붙을 정도의 추위라고 해요. 밖에 나가는 건 매우 위험하겠지요.

하지만 이 기록은 100년도 더 지난 옛날의 이야기이고, 지금은 지구온난화의 영향으로 그 정도까지 기온이 내려가지는 않아요. 아무리 추워도 -30℃나 -35℃ 정도지요.

반대로 최고 기온은 시즈오카현 하마마쓰시와 사이타마현 구마가야시의 41.1℃(2020년 8월 17일과 2018년 7월 23일)로 기록되어 있어요.[**] 이 지역은 지구온난화의 영향으로 최근 몇 년 동안 매년 기록이 경신되고 있는 지역이지요.

40℃의 기온은 계속 비닐하우스 안에 있는 것이나 마찬가지예요. 저도 아직 그런 더위는 경험해 본 적 없지만, 아마 숨쉬기도 힘들지 않을까요?

지구온난화에 대해서는 앞으로 더 자세하게 알아보겠지만, 지금처럼 계속 지구의 온도가 올라간다면 앞으로는 40℃를 넘는 폭염이 더 자주 기록될 거예요.

[*] 우리나라의 역대 최저 기온은 경기도 양평에서 기록된 -32.6℃입니다.

[**] 우리나라의 역대 최고 기온은 강원도 홍천에서 기록된 41℃입니다.

074 사람은 최저·최고 몇 ℃까지 견딜 수 있을까?

사람이 견딜 수 있는 온도는 최저 기온은 -5℃, 최고 기온은 45℃ 정도까지일 거예요. 최저 기온은 복장에 따라서도 달라지니 따뜻한 옷을 껴입으면 조금 낮은 기온에서는 견딜 수 있을지도 모르겠어요. 그러나 기온이 -5℃ 이하로 내려가면 아마 견디기가 쉽지는 않을 거예요.

단, 비나 바람이 강한 날에는 기온이 영하로 떨어지지 않아도 '**저체온증**'에 걸리기 쉬워요. 예를 들면, 태풍이 올 때 비에 젖은 채로 강한 바람을 맞게 되면 10℃ 정도의 기온에도 저체온증에 걸릴 수 있어요. 빗물이 증발하면서 몸의 열을 빼앗아가는 기화열 때문에 체온이 떨어지기 때문이지요.

'저체온증'이란 몸의 중심부 체온이 35℃ 이하로 떨어지는 걸 말해요. 추운 환경에서 우리 몸은 체온이나 신체의 움직임을 제대로 유지하지 못해요.

저체온증에 걸리면 처음에는 그저 '춥다.'라고 느낄 뿐이지만, 체온이 33℃ 이하로 떨어지면 의식이 몽롱해지거나 몸을 움직일 수 없게 되는 '**운동실조**' 증상이 나타나기도 해요. 그리고 최악의 경우, 사망에까지 이르게 될 수도 있어요.

저체온증은 눈 덮인 산 같은 곳에서나 걸리는 증상이라고 생각하는 사람들이 많을지도 모르지만, 사실은 일상생활 속에서 걸리는 경우가 더 많아요. 몸의 중심부 체온이 떨어지면 매우 위험해요. 비나 눈으로 인해 몸이 차가워졌을 때는 난방을 틀고 담요를 덮는 등 체온을 높이는 것도 필요하지만, 따뜻한 음료를 마심으로써 몸을 안쪽부터 따뜻하게 하는 것이 매우 중요해요.

075

지구온난화란 무엇일까?

지구의 평균 기온이 장기적으로 올라가는 것을 **지구온난화**라고 해요. 그리고 **지구온난화의 원인은 온실효과 가스의 배출량이 증가하기 때문이에요**. 온실효과 가스란 지구를 덮고 있는 대기 중에 포함된 기체들로, 이불처럼 지구의 열이 달아나지 못하도록 따뜻하게 만들어주는 거예요. 이 가스가 없으면 지구가 너무 추워지기 때문에 꼭 필요하기는 하지만, 또 너무 많아지면 지구의 온도가 너무 올라간다는 문제가 발생해요.

온실효과 가스에는 다양한 물질들이 있는데 그중에서도 지구온난화에 가장 큰 영향을 미치는 것이 바로 '**이산화탄소**'예요. 이산화탄소는 '**화석연료**'라고 불리는 석유나 석탄, 천연가스를 태울 때 공기 중에 배출돼요. 우리 주변에는 화석연료로 이루어져 있는 것들이 아주 많아서, 쓰레기를 태울 때마다 이산화탄소가 배출되어 공기 중의 이산화탄소 농도가 증가하지요.

전 세계의 기온은 장기적으로는 100년에 +0.72℃씩 상승하고 있어요. 도쿄처럼 도시화가 진행된 지역은 그보다 더 빠르게 기온이 상승하고 있지요.

아무런 대책 없이 이대로 기온이 계속 높아지면, 21세기 말에는 기준년(1986년~2005년)의 평균 기온보다 최대 4.8℃ 상승할 가능성이 있다고 해요. 여러분이 할아버지 할머니가 될 때쯤에는 지구가 지금보다 훨씬 뜨거워질지도 몰라요.

'온실효과 가스'에 대해 더 자세히 알아보자!

코로롱

박사님, '온실효과 가스'는 우리 생활에 없으면 안 되는 거지요?

날씨 박사

맞아요. 이산화탄소 등의 온실효과 가스는 태양열에 의해 뜨거워진 지구에서 우주로 방사되는 열의 일부를 흡수해서 지구로 돌려보내는 것인데, 지구를 우리가 생활하기 알맞은 온도로 맞춰주는 역할을 하고 있어요. 하지만 이 온실효과 가스가 너무 많아지면 지구가 너무 더워지니 그게 문제가 되는 거지요.

코로롱

온실효과 가스 배출량이 늘어나는 원인에는 쓰레기를 너무 많이 태우는 것 말고 또 다른 원인이 있나요?

그것 말고도 여러 가지 원인이 있어요. 예를 들면, 자동차를 운전할 때나 비행기가 하늘을 날 때, 그리고 전기를 생산할 때에도 온실효과 가스인 이산화탄소가 대량으로 배출되지요. 게다가 숲이나 산에 있는 나무는 이산화탄소를 흡수하는 역할을 하는데, 논밭이나 공장을 만들기 위해 나무들을 계속 베어내고 있어요.

날씨 박사

코로롱

이산화탄소의 배출량은 늘어나는데 흡수하는 양은 줄어드니 온실효과 가스가 계속 늘어날 수밖에 없는 거군요.

맞아요. 인간의 생활이 더욱 풍요로워지고 편리해질수록 온실효과 가스가 많이 배출되기 때문에, 어떻게 하면 그 양을 줄일 수 있을지 모두가 함께 고민하는 것이 중요해요.

날씨 박사

076

지구온난화 때문에 북극의 얼음도 녹을까? 녹는다면 어떻게 될까?

기온이 높아질수록 얼음은 더 많이 녹아요. 즉, 지구온난화로 인해 기온이 높아지면 북극의 얼음도 옛날보다 더 많이 녹게 되지요.

하지만 북극에서도 바닷속 두꺼운 얼음에 둘러싸여 있으면서 육지가 없는 곳은 얼음이 녹더라도 바닷물이 넘칠(=해수면이 상승할) 걱정은 없어요. 컵 속에 들어 있던 얼음이 다 녹아도 컵의 물은 넘치지 않지요? 그것과 마찬가지로 북극의 얼음이 녹아도 바닷물의 양에는 영향을 주지 않는 것이지요.

바닷물의 양이 늘어나는 것은 육지의 얼음이 녹아 바다로 흘러 들어가는 경우에요. 예를 들면, **북극권에는 국토 대부분이 큰 얼음덩**

어리로 덮인 그린란드라는 나라가 있는데, 이 얼음덩어리가 녹아 육지에서 바다로 흘러가면 해수면이 상승할 거예요.

그린란드 등의 얼음이 녹아 해수면이 상승하는 현상은 이미 시작되어서 21세기 말에는 최대 약 1m까지 해수면이 상승한다는 보고도 있어요. 그렇게 되면 작은 섬이나 지대가 낮은 많은 도시가 바다에 잠겨 버릴 우려가 있는데, 그중에서도 태평양에 있는 작은 섬나라 '투발루'는 국토 전체가 바다에 잠길 가능성이 크다고 해요. 일본 오키나와에도 해발(평균 해수면을 기준으로 잰 높이) 고도가 낮은 섬들이 있는데, 해수면이 1m 이상 상승하면 어떻게 될지 걱정이에요. 100년 안에 완전히 물속에 잠겨 버릴지도 몰라요.

077

지구온난화가 계속되면 지구는 어떻게 될까?

지구온난화가 계속되면 호우나 강력한 태풍과 같은 극단적인 기상 현상이 늘어날지도 몰라요. 지구는 70%가 바다로 이루어져 있어요. 그런데 지구온난화로 인해 바다의 온도가 높아지면 증발하는 수분의 양도 증가해서 지금까지는 경험해 보지 못한 호우나 강력한 태풍이 발생할 위험이 있어요.

그리고 이것은 당연히 농작물에도 영향을 미치겠지요. 기온이 조금만 변해도 벚꽃의 개화 시기가 달라지듯이 기온이 0.1℃만 변해도 식물은 민감하게 반응하니까요. 기온이 100년 동안 4~5℃나 높아진다는 것은, 발이 없어 빨리 움직이지 못하는 식물로서는 너무 빠른 변화이기 때문에 **멸종되는 식물들이 생겨날 수도 있어요**.

예를 들어, 기온이 오르면 따뜻한 지역에서만 재배되던 귤을 추운 도호쿠 지방에서 재배할 수 있을지도 몰라요. 하지만 추운 지방에서만 재배되는 사과는 그 어디에서도 재배하지 못하게 될 수도 있지요. 기온 상승에 따라 품종을 개량하지 않으면 쌀 수확량도 줄어들 거예요.

그리고 식물 전체가 따뜻한 지역에서 자라는 열대 식물로 바뀌면 그에 따라 열대 곤충들도 생겨나겠지요. 그렇게 되면 새로운 해충이 발생해서 농작물에 피해를 줄 우려가 있어요. 모기에 의해 감염되는 뎅기열이나 말라리아와 같은 열대 질병이 늘어날 수도 있고요. 지구 온난화가 계속된다면 이런 심각한 문제들이 여기저기서 발생하게 될 거예요.

078 'SDGs'란 무엇일까?

SDGs란 'Sustainable Development Goals(**지속 가능한 개발 목표)'의 약칭**으로, '에스디지에스'라고 읽어요. 우리나라가 포함된 국제연합(UN) 회원국들이 2016년부터 2030년까지 15년 동안 달성하고자 하는 총 17개의 목표를 가리키지요. 간단히 말하면, 전 세계 사람들이 협력해서 지금보다 더 나은 세상, '모두가 행복한 세상'을 만들기 위해 노력하자는 활동이에요.

'기후변화(지구온난화) 대응'도 17개의 목표 중 하나인데, 누구든 바로 실천할 수 있어요. 예를 들면, 태울 때 온실효과 가스를 배출하는 쓰레기를 줄이기 위해 에코백을 사용한다거나 전기를 절약하는 등, 생활 속 작은 실천이 지구온난화를 방지하는 데 도움이 되거든요.

'깨끗한 물과 위생'이라는 목표를 달성하기 위해서도 물을 소중하게 사용하는 작은 일부터 시작하면 돼요. 전 세계적으로는 깨끗한 물을 사용할 수 없는 환경에 처한 나라들도 많아요. 2025년에는 세계 인구의 3분의 2가 물 부족을 겪게 될 거라는 예측도 있지요. 그러니까 지금 우리가 깨끗한 물을 마음껏 사용할 수 있다고 해서 절대 낭비해서는 안 돼요.

비록 아주 작은 일이라도 생활 속에서 매일매일 반복해서 실천하고, 1명이 아니라 10명, 10명이 아니라 100명, 100명이 아니라 전 세계 사람들 모두가 함께한다면, 아주 큰 힘을 갖게 되지요. 지구를 위해, 우리 모두 함께 소중한 자원을 낭비하지 말고 아껴 쓰도록 해요!

밥그릇에 남아 있는 밥풀로 날씨를 예측할 수 있을까?

우리가 먹는 매끼 식사로도 날씨를 예상할 수 있어요.

날씨 박사

꿈냥이

정말요? 어떻게요?

바로 밥풀로 날씨를 예측하는 거예요. 밥풀은 공기가 건조할수록 밥그릇에 많이 달라붙고, 공기가 습하면 잘 떨어지거든요.

날씨 박사

꿈냥이

그럼 밥그릇에 남아 있는 밥이 말라붙어 딱딱해지지 않고 잘 떨어지면 습도가 높다는 얘기니까 곧 비가 올지도 모른다는 거군요!

정답! 비가 오기 1~2일 전부터는 습도가 조금씩 높아지기 시작해요. 낮에 같은 시간끼리 비교해 보면, 비가 오기 이틀 전에는 20%였던 습도가 하루 전에는 40~50%가 되고, 비가 내리는 날에는 80~90%가 되기도 한답니다.

날씨 박사

꿈냥이

정말 습도를 이용하면 비가 내릴지 예측할 수 있겠네요. 우리 주변에 있는 것으로 습도를 판단할 수 있다니 정말 신기해요.

소리로 날씨를 예측하는 방법도 있어요.

날씨 박사

꿈냥이

비를 내리게 하는 종이라도 있나요?

먼 곳의 소리가 들리는 정도에 따라 비가 올지 아닐지를 예측할 수 있어요. 평소에는 희미하게 들리던 소리가 오늘 더 잘 들린다면 비가 내릴 수도 있으니 조심해야 해요. 저기압이 다가오면 상공의 공기가 먼저 습해지기 때문에 소리가 멀리까지 전달되거든요.

날씨 박사

5 일기예보에 관한 궁금증

079 일본의 날씨 관측 기계인 '아메다스'란 무엇일까?

'아메다스'는 'Automated Meteorological Data Acquisition System'의 약자로, 정확한 명칭은 '아메다스(AMeDAS)'예요.

아메다스는 '지역 기상 관측 시스템'을 뜻하는데, 기상재해를 방지하기 위해 일본의 기상청에서 개발한 거예요. 현재, 일본 내에는 약 1,300곳에 설치되어 있어요.☀ 기온이나 습도, 강수량 외에도 풍향이나 풍속, 일조 시간 등을 측정하고, 측정한 정보를 컴퓨터가 해석해서 일기예보에 사용하지요.

아메다스는 기상대 내부에 설치되어 있고, 일반인이 마음대로 출입할 수 없어서 실제로 보기는 어려워요. 하지만 도쿄도 지요다구의 기타노마루 공원 안에 설치된 도쿄 관구 기상대의 아메다스는 울타리 너머로 볼 수 있답니다. 온도계, 습도계, 우량계 등이 설치되어 있으니 관심이 있다면 직접 보는 것도 도움이 될 거예요.

기상청 홈페이지에서는 아메다스의 관측 데이터를 볼 수도 있어요. 홈페이지에 들어가서 '아메다스'라는 글자를 클릭하면 일본 지도 위에 전국의 아메다스 지점이 나타나는데, 그중에서 여러분이 확인하고 싶은 장소를 클릭하면, 현재 기온 등의 데이터를 확인할 수 있어요. 아메다스가 어디어디에 설치되어 있는지 확인하는 것도 재미있을 거예요.

☀ 우리나라는 서울기상관측소를 비롯해 종관기상관측장비(ASOS)와 방재기상관측장비(AWS)를 이용하여 날씨 정보를 얻습니다. 종관기상관측은 정해진 시각의 대기 상태를 파악하기 위해 모든 관측소에서 같은 시각에 실시하는 지상관측을 말하는데, 일부 사람의 눈으로 직접 관측하는 요소를 제외하고 종관기상관측장비(ASOS)를 통해 자동으로 관측합니다. 사람이 직접 관측하기 어려운 지역에는 방재기상관측장비(AWS)를 설치하여 지진, 태풍, 홍수, 가뭄 등 자연재해를 막기 위해 관측을 실시하고 있습니다.

080 일기예보는 어떻게 만들어질까?

먼저 아메다스와 같은 관측 시스템으로 관측한 데이터나 기상 위성, 또는 기상 레이더를 이용해서 우주에서 관측된 하늘의 상태 등을 컴퓨터로 해석한 뒤, 이후의 날씨를 예측해요. '하늘의 상태가 이렇다면 이런 날씨가 될 가능성이 크지.'라는 부분까지 컴퓨터가 해석해 주는 거예요.

하지만 컴퓨터도 완벽할 수는 없어요. 지구 전체가 아니라 정해진 일부 장소에서 관측된 정보만 가지고 예측하다 보니 어쩔 수 없이 오차(어긋남)가 발생할 수밖에 없지요. 그래서 과거의 데이터를 이용하여 현재 상황과 대조해 보거나 컴퓨터가 해석하지 못하는 지역별 특성 등을 고려해서 오차를 줄여 더욱 정확도 높은 예보로 완성하는 것이 기상 예보관의 일이랍니다. 즉, 일기예보는 관측 시스템과 컴퓨터, 기상 예보관의 힘이 모두 합쳐져서 만들어지는 셈이지요.

또한, 저처럼 TV 프로그램에서 날씨를 전달하는 '기상 캐스터'의 일까지 겸하고 있는 기상 예보관에게는 '예보한 날씨를 사람들이 쉽게 이해할 수 있도록 전달해야 하는 임무'도 주어져요. 예를 들면, 강수확률이 비가 올지 안 올지 알기 어려운 애매한 경우에 기상 캐스터가 "애매하네요."라고 말했다가는 모두가 혼란스러워지고 말 거예요. 그렇기 때문에 "이 지역에 비가 내릴 가능성이 큽니다." 또는 "이 시간에 비가 올 가능성이 큽니다."라는 식으로 최대한 정확한 정보를 전달해야 해요. 자칫 잘못 판단하면 많은 사람이 피해를 보게 되니 책임이 무겁기도 하지만, 그만큼 보람도 매우 큰 직업이랍니다.

081

일기예보는 언제부터 했으며, 세계 최초의 일기예보는 누가 했을까?

1643년에 이탈리아의 과학자 토리첼리가 수은 기압계를 발명한 것이 기상관측의 시작이에요. 그리고 1820년에 독일의 물리학자이자 기상학자인 브란데스가 세계 최초로 일기도를 작성했지요. 하지만 최초의 일기도는 지도에 기압의 '높음', '낮음' 정도만 간단하게 표시한 것에 불과했어요.

일본에서는 1875년 6월 1일에 기상청의 전신인 도쿄 기상대가 만들어졌고, 1884년 6월 1일에는 일본에서 최초로 일기예보가 발표되었어요.☀ 그런데 그 내용은 '전국 일반 풍향은 일정치 않고 날씨는 변하기 쉬우며 비 올 가능성 있음.'이라는 한 문장이 전부였지요. 이것을 요즘 말로 바꾸면 '전국적으로 바람의 방향은 일정하지 않고 날씨는 변하기 쉽지만, 비가 올 가능성은 클 것으로 보입니다.'라는 문장이지요. 이런 일기예보를 본다면 "그래서 날씨가 어떻다는 거야?"라고 되묻고 싶어질 거예요. 당시의 일기예보는 이렇게 대략적인 내용밖에 예측할 수 없었던 거지요.

1960년에 미국 플로리다주에서 세계 최초로 기상 위성이 발사되면서 이때부터 일기예보의 정확도가 많이 높아졌어요. 그리고 **일본 최초의 기상 위성은 1977년에 발사된 '히마와리'예요.**☀☀ 2014년에 쏘아 올려진 '히마와리 8호'에서는 컬러 영상으로 바뀌었지요. 기상청 홈페이지에서 히마와리가 찍은 사진과 동영상을 볼 수 있으니, 관심이 있으면 한번 홈페이지에서 확인해 보세요.

☀ 우리나라에서 최초로 기상 예보를 시작한 것은 1898년 1월입니다. 당시 러시아 정부는 인천에 관측소를 설치하여 기상 신호 장치로 사람들에게 일기예보를 알렸습니다.

☀☀ 우리나라 최초의 기상 위성은 통신해양기상위성인 천리안 위성으로, 2010년 6월에 남미 기아나에서 발사되었습니다.

082

일기예보는 왜 자주 빗나갈까? 100% 정확하게 맞힐 수는 없을까?

일본 기상청은 매일 오전 5시, 11시, 오후 5시 이렇게 세 번 일기예보를 발표하고 있어요.☀ 오전 5시에 발표하는 '오늘의 날씨'의 적중률은 2019년에 86%였지요. 날씨를 100% 정확하게 맞힌다는 건 아직은 조금 어려운 일이랍니다.

하지만 **일기예보가 '틀렸다.'라고 하기보다는 '살짝 빗나갔다.'라는 표현이 더 어울리지 않을까요?** '일기예보에서는 맑을 거라고 했는데 비가 오잖아.'라는 경우처럼 완전히 틀리는 일은 매우 드물고, '저녁부터 비가 올 거라고 했는데, 낮부터 오기 시작했다.' 또는 '비가 오는 지역이 예상보다 더 남쪽이었다.'와 같이 살짝 빗나가는 경우가 많기 때문이에요. 이렇게 일기예보가 빗나가는 이유는 바람과 바람이 예상과는 다르게 부딪히는 경우가 생기기 때문이에요. 그래서 구름의 발달 상황이 바뀌거나 이동 속도가 빨라지는 등 일기예보와는 살짝 다른 시간이나 장소에 비가 내리게 되지요.

일기예보가 빗나가기 쉬운 계절은 바로 여름이에요. 오전 중에는 비교적 예보가 잘 맞지만, 소나기가 자주 내리는 여름철에는 소나기 예상 지역에 관한 예보가 자주 빗나가곤 하지요. 게릴라성 호우는 예측하기가 더 어려워요 대기가 불안정해지고 있다는 것이 확인되어도 시간이나 장소를 정확하게 특정하기는 매우 어렵기 때문이에요. 간토 지방의 경우, 봄가을에도 북동풍이 불면 일기예보가 빗나가기 쉬우므로 예보가 가장 잘 맞는 건 아마 겨울일 거예요. 대체로 어느 지역이나 '일기예보가 잘 맞는 계절은 겨울'이라고 말할 수 있지요.

☀ 우리나라 기상청에서는 초단기예보(현재 실황부터 6시간 이내의 기상 상황을 1시간 간격으로 발표), 단기예보(3일 이내의 기상 상황을 지역별로 세분화해서 1시간 단위로 발표), 중기예보(단기예보 이후 향후 10일까지의 기간에 대한 예보를 오전 6시와 오후 6시에 발표(8~10일은 하루 단위)를 발표하고 있습니다.

083 TV 프로그램에 따라 일기예보가 다른 이유는 무엇일까?

그 이유는 TV 프로그램에 따라서 기상청의 일기예보를 사용하는 프로그램도 있고, 민간 기상회사의 일기예보를 사용하는 프로그램도 있기 때문이에요.

기상청도 민간 기상회사도 기본적으로는 기상청의 데이터를 사용하고 있지만, 민간 기상회사는 기상청의 데이터에 독자적인 요소를 더해서 일기예보를 발표하고 있어요. 예를 들면, 다양한 지역에 살고 있는 사람들과 세계 각지로 여행을 다니는 사람들을 통해 각 지역의 날씨 상태에 관한 정보를 받은 뒤, 그 정보를 참고해서 예보를 수정하기도 하지요. 기상청의 아메다스는 전국적으로 약

1,300곳 정도에만 설치되어 있어서, 그보다 더욱 자세한 데이터를 입수해서 반영하면 일기예보가 조금씩 바뀌기도 하거든요.

그리고 그러한 예보를 전달하는 기상 캐스터에 의해 최종적인 예보 내용이 바뀌기도 해요. 예보를 어떻게 해석하는지는 캐스터마다 다를 수 있거든요. 하지만 저를 포함한 모든 캐스터들은 시청자들이 "이거 일기예보랑 다르잖아!"라며 날씨 때문에 곤란해지는 일이 없도록 열심히 노력하고 있답니다!

084

'맑음, 때때로 흐림', '맑음, 한때 흐림' 중 어느 쪽이 맑은 시간이 더 길까?

'때때로'와 '한때'는 일기예보에서 자주 사용되는 예보 용어(기상청이 일기예보에서 사용하는 말)예요. 여러분도 일기예보에서 많이 들어보지 않았나요?

'때때로'와 '한때'는 비슷한 말 같은데, 어떻게 구분해서 사용되는 것일까요? **그 현상이 발생하는 총 기간이 예보 기간의 4분의 1 이상, 2분의 1 미만일 때는 '때때로'를, 그 현상이 연속적으로 발생하여 총 기간이 예보 기간의 4분의 1 미만일 때는 '한때'를 사용하도록 정해져 있어요**. 하루, 즉 24시간 동안의 예보라면 6시간 이상이면서 12시간 미만일 때는 '때때로'를 사용하고, 6시간 미만일 때는

'한때'라는 표현을 사용하지요.

만약 일기예보에서 '내일 날씨는 맑음, 때때로 흐림'이라고 하면, 하루 중 흐린 시간이 12시간보다 짧다는 거예요. 12시간 이상은 맑다는 말도 되지요. 반면에, '내일 날씨는 맑음, 한때 흐림'일 경우에는 하루 중 흐린 시간은 6시간보다 적고, 18시간 이상은 맑다는 이야기가 되는 거랍니다.

즉, '맑음, 때때로 흐림'과 '맑음, 한때 흐림'을 비교하면, '맑음, 한때 흐림'이 맑은 시간이 더 길다고 할 수 있어요.

085 하늘을 보고 날씨를 예상할 수 있을까?

일기예보처럼 정확도가 높지는 않지만, 날씨를 예상할 수 있어요.

구름이나 바람 등 여러 대기 현상, 그리고 동물들의 행동을 보고 날씨를 예상하는 것을 **관천망기(觀天望氣)**라고 해요. 64, 112, 160, 198쪽에서 다룬 내용이 바로 관천망기에 관한 내용인데, 사람들은 예로부터 이런 방법들을 통해 생활에 많은 도움을 받았지요.

특히, 날씨를 예상하는 데 도움이 많이 되는 것은 바로 구름이에요. '큰 적란운이 발달하면 비가 온다.'라고 예상하는 것 역시 관천망기라고 할 수 있지요. 구름을 보는 것만으로는 그 구름이 여러분이 사는 지역 쪽으로 이동해서 비를 내리게 할지 아닐지는 잘 알 수 없어요. 그렇지만 큰 적란운이 있다면 비가 내릴 확률이 높은 것은 틀림없지요. 알아두면 분명 도움이 될 거예요.

관천망기에 대한 지식이 많으면, 하늘을 올려다보거나 동물들을 관찰하는 일이 매우 즐거워져요. 책에 소개된 내용 외에 다른 것들도 한번 찾아보세요.

086 강수확률이란 무엇일까?

강수확률이란, 어떤 지점에서 같은 조건일 때(기압이나 구름, 바람의 상태가 같을 때), 1mm 이상의 비나 눈이 과거에 몇 번 내렸는지를 나타내는 거예요.

예를 들어, '오늘의 강수확률은 20%'라고 한다면 오늘과 같은 기상 현상을 나타냈던 과거에 100번 중 20번은 비가 내렸다는 의미지요. 실제로는 100회 이상의 과거 데이터들을 가지고, 그 정보들을 계산해서 백분율로 나타내는 거예요.

강수확률은 어디까지나 '비가 내릴 확률'이기 때문에, 비의 강도나 비가 얼마나 오랫동안 내릴지는 알 수 없어요. '강수확률 100%'

라는 예보를 들으면 큰비가 온종일 내릴 것만 같은 기분이 들지만, '강수확률 50%'일 때 훨씬 더 강한 비가 오랫동안 내리기도 하지요.

그러니 일기예보를 볼 때는 강수확률이 몇 %인지 숫자만 봐서는 안 돼요. "강한 비가 내릴 가능성이 있습니다."라거나 "온종일 흐린 날씨가 이어질 전망입니다."와 같은 기상 예보관의 말도 주의 깊게 들어야 한답니다.

087 강수확률이 몇 % 이상일 때 우산을 가지고 나가야 할까?

강수확률이 30%를 넘으면 외출할 때 우산을 가지고 나가는 게 좋아요. 과거의 데이터를 보아도 강수확률이 30%를 넘으면 비가 내린 경우가 많았거든요.

강수확률은 낮더라도 좁은 지역에 짧은 시간 동안 비가 내릴 가능성은 언제든지 있기 때문에 방심하면 안 돼요. 특히, 소나기가 자주 내리는 여름철에는 '온종일 쾌청한 날씨'라는 일기예보가 아니라면, 혹시 모르니까 외출할 때 우산을 가지고 나가는 게 마음 편하지요.

그리고 예상 강수확률은 1mm 이상의 비가 내리는 경우에만 해당하기 때문에, 0.5mm 정도의 비는 포함되어 있지 않다는 점에도 주의해야 해요. 0.5mm 정도의 비는 후드득후드득 내리는 가벼운 비이기는 하지만 우산이 없으면 곤란한 정도지요. 그러니까 '날씨가 변하기 쉽다.'라는 예보가 발표된 날이나 하늘의 모습이 어딘가 이상하다면 강수확률과는 상관없이 우산을 가지고 나가는 것이 좋을 거예요.

참고로, 저는 기상 예보관이라는 직업상 가방 속에 항상 작은 우산을 넣고 다녀요. 혹시라도 비를 맞고 다니는 모습을 누군가가 보고 '기상 예보관도 날씨를 맞히지 못하는구나!'라고 생각하면 곤란하니까요!

088 '주의보'와 '경보'의 차이는 무엇일까?

주의보는 재해가 일어날 우려가 있을 때, 경보는 중대한 재해가 일어날 우려가 있을 때 발표되는 거예요. 주의보와 경보를 나누는 기준은 지역에 따라 다르지만, '경보가 발표되었을 때 밖에 나갔다가는 사망의 위험이 있다.'라고 할 정도로 경보의 위험도가 더 높아요. 물론 주의보가 발표되었을 때도 밖에 나가는 것은 조심해야 하지만, 위험도가 높아지면 주의보가 경보로 바뀐다는 사실을 꼭 기억해 둡시다.

'호우주의보·경보', '대설주의보·경보', '홍수주의보·경보', '풍랑주의보·경보' 등 다양한 종류의 주의보와 경보가 있어요. 바람에 관해서는 '강풍주의보'와 '강풍경보'가 있어요. 일본의 경우에는 이외에 '낙뢰주의보'나 '건조주의보'와 같이 주의보만 있는 것도 몇 가지 있지요. 평소 일기예보에서 자주 듣게 되는 것은 아무래도 비와 바람에 관련된 것들이에요.

그리고 일본에서는 경보의 기준을 넘는 호우 등 아주 심각한 재해가 발생할 우려가 있을 때 '**특별경보**'를 발표하기도 해요. 그런데 '호우 특별경보'나 '폭풍 특별경보' 등이 발표되면 이미 재해가 발생했을 가능성이 커요. 그러니 **특별경보가 발표되기 전에 그 지역을 벗어나 안전한 장소로 대피하는 등 자신의 소중한 생명을 지키기 위해 신속하게 행동해야 해요**.

089 '여름형 기압배치'와 '겨울형 기압배치'란 무엇일까?

'기압배치'란, 일기도상에서 고기압이나 저기압, 등압선(기압이 같은 곳을 연결한 선) 등이 각각 어디에 위치하는지 그 위치 관계를 나타내는 거예요. 기압배치를 통해서 대략적인 날씨를 예측할 수 있기 때문에 일기예보에 매우 중요하며, 기압배치에는 계절별 특징이 있어요.

무덥고 맑은 날이 계속되는 여름철이 되면 남쪽 지역은 기압이 높고 북쪽 지역은 기압이 낮은 **'남고북저형'** 기압배치가 나타나요. 바로 이것이 '여름철 기압배치'의 특징이지요. 그리고 동해 쪽에 많은 눈이 내리게 하는 겨울철에는 시베리아 고기압으로 인한 북서풍이 불고, 서쪽으로 고기압, 동쪽으로 저기압이 발달하는 '서고동저형'의 기압배치가 나타나요. 이것이 '겨울철 기압배치'의 특징이에요. 조금 어렵게 느껴질지도 모르지만, 우선은 '계절마다 기압배치가 있다.'라는 정도만 알아두어도 도움이 될 거예요.

여름형 기압배치는 '**고래 꼬리형 고기압**'이라고도 불려요. 일본에 영향을 주는 태평양 고기압이 강하게 발달할 때는 일기도의 등압선이 마치 고래의 꼬리 모양처럼 보이기 때문이지요. 때문에 이러한 기압배치가 더운 날이 계속되는 여름을 상징하는 기압배치라고 여겨지기도 해요.

일기도의 기압배치를 보면 간토 지방 부근에 크고 강한 **태평양 고기압**이 마치 고래의 몸통처럼 떡 하니 자리 잡고 있고, 서쪽인 규슈 지방 쪽으로 고래의 꼬리가 뻗어 나온 모양처럼 보여요. 이렇게 동물에 비유해서 살펴보니 어렵게만 느껴졌던 기압배치가 좀 더 알기 쉽고 가깝게 느껴지지 않나요?

090 사계절은 각각 몇 월 며칠부터 시작되는 걸까?

일기예보에서도 '봄기운이 느껴지는 날씨' 또는 '곧 여름의 시작'과 같이 계절의 변화에 대해 알려 주고는 해요. '몇 월 며칠부터는 봄', '몇 월 며칠부터는 여름' 이런 식으로 봄, 여름, 가을, 겨울이 정확하게 나뉘어 있지는 않아요.

아주 옛날부터 사용된 달력을 기준으로 보면 봄은 입춘(2월 4일경) 이후, 여름은 입하(5월 5일경) 이후, 가을은 입추(8월 7일경) 이후, 겨울은 입동(11월 7일경) 이후예요. 하지만 실제로는 2월 4일경에도 아직 매서운 추위가 느껴지는 겨울이고, 8월 7일경에는 무더위가 한창이지요.

기상청에서는 3~5월을 봄, 6~8월을 여름, 9~11월을 가을, 12~2월을 겨울로 분류하고 있어요. 사람들이 실제로 느끼는 계절 감각으로도 이렇게 나누는 것이 일반적이라고 생각해요.

091 봄에는 왜 날씨가 변덕을 부릴까?

그제는 비가 내렸다가 어제는 날이 화창해지더니 오늘은 또 비가 오는 등 봄은 날씨가 아주 변덕을 부리는 계절이에요. '봄에는 사흘 맑은 날 없다.'라는 말이 있듯이, 봄철에는 3일 동안 맑은 날이 계속되는 일이 없을 정도로 날씨가 변화무쌍하지요.

그 원인은 봄이 되면 고기압과 저기압이 우리나라를 교대로 통과하기 때문이에요. 서고동저의 기압배치가 계속되던 겨울과는 달리 기압배치가 매일 바뀌기 때문에, 수시로 날씨가 변하고 갑자기 바람의 방향이 바뀌기도 하는 것이지요.

저기압과 고기압이 교대로 통과하는 것은 3~5월경이에요. 이 기간에는 날씨가 맑았다가 비가 내리고, 또 따뜻했다가 추워지기를 반복하지요. 그러면서 비가 한 번 내릴 때마다 기온이 조금씩 올라서 봄에서 초여름, 그리고 여름으로 계절이 바뀌게 된답니다.

092 장마철에는 왜 계속 비가 내릴까?

'장마전선'이 계속해서 우리나라 근처에 머물고 비구름이 계속 발달하기 때문이에요. '전선'은 따뜻한 공기와 차가운 공기가 만나는 경계를 뜻해요. 경계에서는 차가운 공기보다 가벼운 따뜻한 공기가 위로 올라가서 상승기류가 되기 때문에 비구름이 쉽게 만들어져요.

그런데 장마전선은 왜 생기는 것일까요? 이해하기 쉽게 설명하면, 봄이 되고 싶은 공기와 여름이 되고 싶은 공기가 서로 자리다툼을 하기 때문이에요. 비슷한 힘으로 서로 팽팽하게 맞서고 있다 보니, 그 경계가 되는 전선이 오랜 시간 우리나라 위에서 북쪽으로 이동했다가 남쪽으로 이동하기를 반복해서 비가 내리는 기간이 길어지는 것이랍니다.

여름이 점점 가까워지면 전선은 조금씩 북상하는데, 우리나라의 장마철은 대개 6월 하순에 시작해 7월 하순까지 약 한 달 간 이어져요. 그리고 마지막으로 여름이 되고 싶은 공기가 이기면 장마가 끝나게 되지요.

장마는 우리나라와 일본, 그리고 중국에도 있어요. 반면 미국이나 유럽에는 장마가 없지요. 일본의 경우, 가장 먼저 장마철에 접어드는 지역은 오키나와 또는 아마미 지역으로, 시기는 보통 5월 10일부터 12일 정도예요. 마지막으로 도호쿠 지방이 6월 중순쯤에 장마에 접어들지요.

장마의 모습은 다양해요. 부슬부슬 비가 계속 오는 '**음성 장마**'와 맑은 날 갑자기 강한 비가 내리는 '**양성 장마**' 유형이 있어요. 장마철인데도 비가 많이 내리지 않는 '**마른장마**'인 해에는 물 부족 현상이 발생하고, 반대로 비가 너무 많이 오면 홍수 피해가 발생해요.

093 여름에 소나기가 내리는 이유는 무엇일까?

여름철에 소나기가 내리는 이유는 강한 햇빛 때문에 기온이 상승해서 대기 상태가 쉽게 불안정해지기 때문이에요.

햇빛에 의해 지표면이 가열되면 그 열 때문에 지상의 공기도 따뜻해져요. 그러면 따뜻해진 공기가 위로 올라가는 상승기류가 발생하는데, 이때 어떠한 원인에 의해 찬 공기가 유입되면 대기 상태가 갑자기 불안정해지지요.

그리고 그 불안정한 상태를 해소하기 위해 대류 현상이 일어나요. 대류란 따뜻한 공기는 위로 올라가려고 하고 차가운 공기는 아래로 내려가려고 하는 공기의 흐름을 말해요. 대류가 일어날 때 발생하는 구름은 적란운으로, 이렇게 발생한 적란운에서 내리는 비가 바로 여름철 소나기예요.

지표면이 낮 동안 강한 햇빛을 받아 뜨거워지고, 그 열이 점점 쌓여서 상승기류가 발생하는 시간은 거의 저녁 무렵이에요. 그래서 여름철 소나기는 오후에서 저녁 사이에 자주 내리는 거랍니다.

094

겨울철 일기예보에 등장하는 '동장군'이란 무엇일까?

동장군은 수염이 덥수룩한 진짜 '장군'을 가리키는 것이 아니에요. 시베리아 기단이나 그것이 원인이 되어 발생하는 극심한 겨울 추위를 가리키는 말이지요.

'시베리아 기단'은 가을에서 겨울에 걸쳐 시베리아 대륙에서 발달하는 매우 차가운 고기압이에요. 기온이 낮고 건조한 기단이어서 동해 상공을 지나면 동해 쪽은 많은 양의 눈이 내리고, 태평양 쪽은 차가운 북서풍이 강하게 불게 되지요.

'동장군'이라는 말의 유래는 프랑스의 황제 나폴레옹과 관련된 역사적 사건에서 비롯되었어요. 19세기, 당시 최강의 군대라고 일컬어지던 나폴레옹의 군대는 러시아의 모스크바 공격에 나섰는데, 혹독한 러시아의 추위를 견디지 못하고 많은 병사가 희생되었어요. 결국 나폴레옹의 군대는 전쟁에서 지고 후퇴하고 말았지요. 이 사건을 영국 신문에서 'GENERAL FROST Shaving Little BONEY(이해하기 쉽게 번역하면, '나폴레옹을 물리친 동장군'이라는 의미)'라고 표현한 것이 동장군이라는 말의 유래가 되었다고 알려져 있어요.

동장군은 해마다 몇 차례씩 찾아와요. '동장군'이라는 표현은 단순히 추위뿐만 아니라 눈보라가 치거나 날씨가 매우 좋지 않을 때 사람들에게 주의하라는 의미에서 사용하는 경우가 많지요. 일기예보에서 '동장군'이라는 말이 나오면 최강의 방어 태세(방한)를 갖추고 전쟁터로 나가야 해요.

095 겨울철에 정전기가 발생하는 이유는 무엇일까?

문의 손잡이를 잡거나 옷을 벗을 때 갑자기 '찌릿찌릿!' 하고 정전기가 발생해요. 정전기가 발생할 때면 따끔한 통증과 함께 깜짝 놀라곤 하지 않았나요?

148쪽에서 천둥 번개가 발생하는 원리에 관해 설명했듯이, 모든 물체는 전기적인 성질을 띠고 있어요. 그런데 그 물체가 지닌 전기의 균형이 무너지면 정전기가 발생해요. 그리고 그 정전기가 방전되지 않고 쌓이면 무언가와 접촉했을 때 갑자기 방전되면서 '찌릿찌릿!' 하게 되지요.

겨울철에 정전기가 자주 발생하는 이유는 겨울에는 공기가 건조하기 때문이에요. 수분은 전기가 통하는 물질이기 때문에, 공기가 습하면 물체의 표면에도 수분이 많아져서 발생한 정전기를 바로바로 방출할 수 있어요. 그래서 공기가 습하고 전기를 통하게 하는 수분이 많은 여름철에는 찌릿찌릿 하고 정전기가 발생하기 전에 정전기가 방전되어 사라져요. 하지만 공기가 건조하고 전기를 통하게 할 수분이 적은 겨울에는 정전기가 점점 쌓여 있어서 손에 닿았을 때 찌릿 하고 방전되는 거예요.

참고로 정전기를 방지하기 위해서는 그동안 쌓인 정전기를 방전시키는 것이 가장 좋은 방법이에요. 예를 들면, 전기가 잘 통하는 금속제 문손잡이를 잡을 때는 갑자기 손잡이를 잡으면 순간적으로 방전되어 정전기가 발생할 수 있으므로, 전기가 잘 통하지 않는 벽 등을 먼저 손으로 만져서 정전기를 천천히 빠져나가게 만든 뒤에 문손잡이를 잡는 거예요. 이렇게 하면 정전기가 잘 발생하지 않는답니다. 여러분도 한번 실험해 보세요.

096

'이상기상'과 '기후변화'란 무엇일까?

이상기상이란, 과거 30년 이상 관측되지 않았던 평균적인 상태와는 다른 기상 현상을 가리키는 말이에요. 예를 들면, 지금까지 경험한 적 없는 호우나 고온 등이 관측되었을 때 '이상기상'이라는 말을 사용하지요.

그리고 **기후변화**란, 장기간에 걸쳐 기후가 변동되는 것을 의미해요. 여기서 장기간이란 100년 정도의 기간을 말하는 것으로, 조금씩 천천히 기온이 상승하고 있는 '지구온난화'야말로 기후변화의 대표적인 예라고 할 수 있지요. 지난 100년 동안 세계적으로는 기온 상승 외에도 호우가 내린 횟수가 증가하는 등의 경향이 나타나고 있어요.

지난 몇 년 동안 '이상기상'이라고 발표된 호우나 고온 현상 등이 많이 발생했어요. 이러한 현상이 계속된다면 '이상기상'이 아닌 '기후변화'가 될 거예요.

097

'엘니뇨'와 '라니냐'는 무엇이고, 발생하면 어떻게 될까?

엘니뇨는 남아메리카 페루 앞바다의 해수 온도가 평년보다 높아지는 현상을 가리키는 말이에요.

페루의 바다 깊은 곳에서는 차가운 바닷물이 솟아올라요. 그런데 동풍이 약해져서 바닷물 표면이 움직이지 않게 되면 차가운 물이 위로 올라오지 못해요. 그렇게 되면 페루 바다의 수온은 평년보다 높아지게 되지요.

원래 차가워야 할 바다의 수온이 높아지면 고기압이나 저기압이 발생하는 장소가 변하는 등 기후에도 많은 영향을 주게 돼요. 예를 들면, 평소에는 비가 많이 내리지 않던 지역에 호우가 내리거나 태풍이 부는 횟수가 늘어나기도 해요. 이러한 영향은 주변 지역에서부터 점차 넓게 확대되기 때문에, 결과적으로 엘니뇨 현상은 지구 전체의 기후에 영향을 미치게 되지요. 엘니뇨 현상이 발생하면 페루의 지구 반대편에 있는 우리나라는 여름이 서늘하고 겨울이 따뜻해지는 등의 영향이 나타나요.

라니냐는 엘니뇨와는 반대 현상으로, 동태평양 적도 부근의 해수 온도가 낮아지는 현상을 가리키는 말이에요. 라니냐 역시 전 세계 기후에 영향을 미치는데, 라니냐가 발생하면 우리나라에서는 더위가 극심해지는 경우가 많아요.

엘니뇨나 라니냐 모두 몇 년에 한 번씩 발생하지만, 예측하기가 매우 어려워요. 만약 뉴스에서 '엘니뇨'나 '라니냐'라는 말이 나온다면 우리나라의 기후에 어떤 영향이 나타나게 될지 귀를 기울여서 들어 보세요.

098

'풍랑'과 '쓰나미'의 차이는 무엇이고, 쓰나미는 왜 발생하는 걸까?

풍랑은 바다 위에서 부는 바람에 의해 발생하는 것이고, 쓰나미(지진 해일)는 지진에 의해서 발생하는 거예요. 풍랑과 쓰나미는 파도의 모양과 규모가 전혀 달라요.

쓰나미는 해저에서 발생한 지진에 의해 발생해요. 지구의 표면은 판이라고 부르는 암반 조각들로 덮여 있는데, 이 판들은 조금씩 움직이면서 판과 판이 서로 부딪히기도 하고 한쪽 판이 다른 쪽 판 밑으로 들어가기도 해요. 이때 발생하는 강한 힘 때문에 지진이 발생하는데, 진원지 근처에서는 지면이 솟아오르거나 아래로 꺼지기도 해요. 이러한 지진이 해저에서 발생하면 해저면이 상승하거나 꺼지면서 바닷물이 움직이게 되고, 그에 따라 해수면도 위아래로 움직이게 되지요. 이처럼 거대한 파도가 되어 밀려오는 현상을 바로 '쓰나미'라고 부르는 거랍니다.

지진이 발생하더라도 해저면이 위아래로 움직이는 상하 이동이 적으면 파도도 작기 때문에 해안까지 쓰나미가 밀려오지 않아요. 단, 몸으로 느껴지는 지진의 강도가 약하더라도 발생 장소나 판이 이동하면서 만들어지는 경계 형태에 따라 큰 쓰나미가 발생할 수도 있으니 절대 방심하면 안 돼요.

099 쓰나미가 밀려올 때 빨리 달리면 피할 수 있을까?

쓰나미는 바다 깊은 곳일수록 속도가 빠르고, 물의 깊이가 얕을수록 속도가 점점 느려져요. 하지만 쓰나미의 속도는 앞바다에서의 속도가 일본의 고속철인 신칸센 정도의 빠르기이고, 해안가 근처에서도 올림픽에 출전한 단거리 달리기 국가 대표 정도의 빠르기로 밀려오기 때문에, 여러분이 아무리 열심히 달려도 쓰나미를 피하기는 어려울 거예요.

자동차를 타고 피한다고 해도, 길을 따라 우회전이나 좌회전해야 하고, 혹은 차가 막히기라도 하면 쓰나미가 밀려오는 속도를 피할 길은 없을 거예요. 쭉 뻗은 직선도로를 막힘없이 달릴 수 있다면 피할 수 있을지도 모르지만, 그런 길은 그리 많지 않아요. 그러니까 쓰나미가 발생할 가능성이 있다면 한시라도 빨리 그곳에서 대피하는 것이 무엇보다 중요해요.

대피할 때는 멀리 가는 것보다 높은 곳으로 피하는 것이 핵심이에요. 일본에서는 예상되는 쓰나미의 높이에 따라 '쓰나미 주의보', '쓰나미 경보', '대쓰나미 경보'가 발표되는데, 특히 3m가 넘는 쓰나미가 예상되는 '대쓰나미 경보'가 발표되었을 때는 이동할 수 있는 범위 내에서 가장 높은 건물로 피하는 것이 좋아요. 동일본대지진 때는 건물의 4층 높이까지 쓰나미가 덮친 곳도 있었거든요.

물론 예상되는 높이가 1m 이하인 '쓰나미 주의보'라고 해도 꼭 안전한 곳으로 대피해야 해요. 20cm 정도의 쓰나미라고 해도 빠르고 강한 물살 때문에 물에 휩쓸려 버릴 위험성이 있기 때문이에요. '괜찮겠지.'라는 안일한 생각은 버리고 우선 안전한 곳으로 대피하는 것이 최우선임을 꼭 기억하세요.

100 초등학생도 기상 예보관이 될 수 있을까?

될 수 있어요! 일본의 경우, 기상 예보관은 국가 자격이기 때문에 시험을 보고 합격해서 자격을 취득할 필요가 있는데, 이 시험에는 나이 제한이 없어요. 2017년 10월에는 당시 초등학교 6학년(11세 11개월)이었던 여학생이 시험에 합격해서 기상 예보관이 되었어요. 이 학생의 최연소 합격 기록은 아직 깨지지 않았답니다.

시험 내용은 학과 시험과 실기 시험으로 나뉘어요. 실기 시험은 일기도를 보고 대기의 상태나 예보 등을 자신의 언어로 설명해야 하는 어려운 시험인데, 이런 시험을 초등학생이 멋지게 통과했다는 것은 정말 대단한 일이지요. 저는 2~3년 동안 혼자서 공부하고 세 번

만에 시험에 합격했는데, 전문적인 학교에서 공부하는 사람들도 있고 몇 번이나 시험에 도전하는 사람들도 있어요. 합격률이 4% 정도밖에 되지 않기 때문에, 자격시험 중에서도 어려운 편에 속한답니다.

시험에 합격한 뒤에는 기상청에 등록함으로써 '기상 예보관'이 되는데, 기상 예보관을 직업으로 삼는 사람은 사실 그리 많지 않아요. 기상 캐스터나 일기예보를 만드는 사람이 되고 싶어서 시험에 응시하는 사람들도 있지만, 그저 하늘이나 날씨가 좋아서 더욱 자세하게 공부하기 위해 시험을 보는 사람이 많기 때문이라고 생각해요.

시험은 매년 두 차례씩 행해지는데, 한 해에 배출되는 기상 예보관은 500명 정도예요. 날씨에 관한 지식이 많아지면 일상생활에도 도움이 되고, 하늘을 올려다보는 시간이 더욱 즐거워진답니다. 기상 예보관에 도전하는 사람들이 더욱 많아지길 기대합니다.

☀ 일본에서는 기상 예보관 자격시험에 나이 제한이 없어서 초등학생도 가능하지만, 우리나라에서는 기상직 9급 또는 7급에 합격해야 하는데 7급은 20세 이상, 9급은 18세 이상이면 누구나 기상직 공무원 자격시험에 응시할 수 있습니다.

일본의 기상 예보관 시험은?

기상 예보관 시험에 대해 더욱 자세하게 알아봅시다!

1 수험 자격

없음

나이, 성별, 학력 등의 제한은 전혀 없습니다.

2 일정

1월과 8월, 연 2회

3 시험 장소

홋카이도, 미야기현, 도쿄도, 오사카부, 후쿠오카현, 오키나와현

이상 6개의 도도부현에 정해진 시험장

4 시험내용

- 학과 시험(객관식 문제)

  ① 예보업무에 관한 일반 지식

  ② 예보업무에 관한 전문 지식

- 실기 시험(아래 3가지 과목에 주관식으로 답변)

  ① 기상 개황 및 변동에 대한 파악

  ② 국지적 기상 예보

  ③ 태풍 등의 긴급 상황 발생 시 대응

5 합격기준

- 학과 시험

  ① 예보업무에 관한 일반 지식: 15문항 중 11문항 이상 정답

  ② 예보업무에 관한 전문 지식: 15문항 중 11문항 이상 정답

- 실기 시험: 총득점이 만점의 70% 이상

학과 시험과 실기 시험 모두 합격해야 기상 예보관 자격을 취득할 수 있어요. 더욱 자세한 정보는 '기상업무지원 센터'의 홈페이지(http://www.jmbsc.or.jp)를 참고해 주세요.

나가는 말

자, 날씨에 관한 100가지 궁금증이 모두 풀렸나요? 이제 여러분도 미래의 기상 예보관이에요.

만약 여러분 중에 “날씨에 관해 많은 것을 알게 되니까 새로운 ‘궁금증’이 또 생겼어요!”라는 친구가 있다면 그 탐구심에 박수를 보냅니다!

책을 찾아보아도 좋고 어른들에게 물어보아도 좋아요. 날씨에 관해 더욱 다양한 지식을 쌓아나가길 바라요.

하늘은 모두의 머리 위에 펼쳐져 있고, 날씨 또한 모두의 생활과 깊은 관련이 있어요. ‘날씨’는 누구나 흥미를 갖기 쉽고, 취미나 전문적인 공부를 하기에도 좋은 분야라고 생각해요.

여러분 중에서 앞으로 날씨에 관한 공부를 열심히 해서 기상 예보관으로 일하게 될 사람이 있을지도 몰라요. 또, 하늘에 관한 공부를 하다가 우주에 관심이 생겨서 우주 비행사가 되는 사람이 있을지도 모르고요. 어쩌면 새로운 기상 예보 방법을 개발하는 사람이 될지도 모르지요. 누구에게나 무한한 가능성이 있기 때문에, 이 세상에 불가능한 일이란 결코 없답니다.

이 책을 통해 날씨에 대한 흥미와 지식이 생기고, 그것을 계기로 여러분의 세계가 더욱 넓어지고 커지기를 소망합니다.

하늘을 올려다보는 일이 즐거워진다면 그것만으로도 저는 더 바랄 것이 없을 정도로 기쁠 거예요.

자, 여러분, 지금 하늘을 한번 올려다볼까요? 오늘은 어떤 구름이 떠 있나요? 바람은 불고 있나요? 내일은 또 어떤 날씨일까요?

날씨 박사 구보 덴키

찾아보기

기상 예보관이 들려주는
어린이 날씨 수업

초판 인쇄 2024년 1월 10일
초판 발행 2024년 1월 15일

지은이 구보 덴키
옮긴이 박선정
펴낸이 조승식
펴낸곳 도서출판 북스힐
등록 1998년 7월 28일 제 22-457호
주소 서울시 강북구 한천로 153길 17
블로그 blog.naver.com/booksgogo
이메일 bookshill@bookshill.com
전화 02-994-0071
팩스 02-994-0073

ISBN 979-11-5971-533-4
정가 15,000원